"十四五"国家重点出版物
出版规划项目

前沿科技伦理与法律问题研究
新兴科技伦理与治理专辑

THE ETHICAL
ALGORITHM

THE SCIENCE OF SOCIALLY
AWARE ALGORITHM DESIGN

算法伦理
社会感知算法设计的科学

迈克尔·基恩斯(Michael Kearns)
艾伦·罗斯(Aaron Roth) / 著

孙广中　周英华 / 译

中国科学技术大学出版社

安徽省版权局著作权合同登记号：第 12212009 号

图书在版编目(CIP)数据

算法伦理：社会感知算法设计的科学/(美)迈克尔·基恩斯(Michael Kearns)，(美)艾伦·罗斯(Aaron Roth)著；孙广中，周英华译.—合肥：中国科学技术大学出版社，2023.9
(前沿科技伦理与法律问题研究：新兴科技伦理与治理专辑)
"十四五"国家重点出版物出版规划项目
ISBN 978-7-312-05136-4

Ⅰ.算…　Ⅱ.①迈…②艾…③孙…④周…　Ⅲ.算法设计—技术伦理学　Ⅳ.①TP301.6 ②B82-057

中国版本图书馆 CIP 数据核字(2020)第 265046 号

算法伦理：社会感知算法设计的科学
SUANFA LUNLI：SHEHUI GANZHI SUANFA SHEJI DE KEXUE

出版	中国科学技术大学出版社
	安徽省合肥市金寨路 96 号,230026
	http://press.ustc.edu.cn
	http://zgkxjsdxcbs.tmall.com
印刷	安徽国文彩印有限公司
发行	中国科学技术大学出版社
开本	787 mm×1092 mm　1/16
印张	9
字数	184 千
版次	2023 年 9 月第 1 版
印次	2023 年 9 月第 1 次印刷
定价	48.00 元

译者的话

在人工智能和大数据的信息时代，算法已经成为日常生活的一部分。在很多应用场景下，用户是在和各种信息系统中的"算法"进行交互。比如，购物时的商品推荐，贷款资格的审核，交通路线的选择等。然而，随着算法的广泛应用，我们也面临着一些新的问题。匿名数据和统计模型经常会泄露敏感的个人隐私信息，也发生过企业和个人恶意使用算法来牟取不当利益的案例。面对迅速发展的算法，法律、法规及监察措施等传统解决方案显得有些滞后。

新的场景带来新的问题，新的问题引发新的研究。本书原著作者是两位理论计算机科学领域的教授，他们从计算机专业的角度来观察、研究这些新问题。他们通过多个示例，介绍了基于社会感知算法设计原则的解决方案。两位作者将算法设计背后的计算机科学与真实世界中的典型实例相结合，呈现出一条独具特色的研究道路，展示了如何通过多学科的交叉融合，来提供趋利避害的算法设计方案。

在翻译本书的过程中，译者深刻感受到算法伦理问题的重要性和复杂性。相信在未来较长的一段时间里，人类还将针对这些问题开展研究，不断产生新的研究成果。同时，本书中所有示例均来自美国，对于中国读者而言，有些示例可能较为陌生，理解起来较为困难。我们为本书建立了一个资源网页，供感兴趣的读者做扩展阅读。网址为 http://ada.ustc.edu.cn/EA/。

本书在翻译过程中得到了中国科学技术大学出版社编辑的大力支持，在此表示感谢。时间和能力所限，译稿中难免有不足之处，欢迎批评指正。

孙广中　周英华

2023 年 4 月

目　　录

0 引　言

0.1　算 法 困 惑

我们正生活在数据的"黄金时代"。你所感兴趣的人或社会上的任何问题，都可以通过庞大的数据集进行挖掘和分析，从而得出统计意义上确定的答案。你在电视上观看什么节目，或者在选举中怎样投票，这些举动又是如何被朋友的行为影响的。这类问题可以利用脸书（Facebook）的数据来得出答案。脸书的数据记录了全球数十亿人的网络社交活动。经常锻炼的人查看电子邮件的频率会低一些吗？只要一个人使用苹果手表或安卓手机（安装了谷歌 Fit 应用程序），被手表或手机记录的数据就可以回答这个问题。如果你是一位零售商，想通过数据来了解客户的位置和生活规律，以此来更好地确定目标客户，那么有几十家公司可以向你出售这些数据。

这一切给我们带来了一个困惑。能够从这种前所未有的数据访问中获得我们想要的信息是很重要的——人类可以更好地了解社会如何运作，从而改善公共卫生、市政服务，生产更符合人们需求的消费产品。但是，作为个人，我们不仅仅是这种数据分析成果的享有者，我们自身也变成了数据。当这些数据被用来做出有关我们自身的各种决定时，后果不容忽视。

2018 年 12 月，《纽约时报》获得了一个商业数据集，其中包含从手机应用程序收集的位置信息。获取这些位置信息名义上是为了提供诸如天气预报和餐厅推荐等与位置相关的公共服务内容。这个数据集包含数以亿计的个人的精确位置，每个人的位置每天更新数百次（甚至数千次）。这些数据的商业买家通常只会对汇总信息感兴趣，例如，对冲基金可能有兴趣跟踪在特定连锁零售店购物的人数，以便预测零售店企业的季度收入。数据是通过单个手机逐一进行记录的，表面上是匿名的，没有附加姓名信息，但当一个人的一举一动都被记录时，恐怕也无法保证匿名性。

例如，根据这些数据，《纽约时报》能够识别出 46 岁的数学老师丽莎·马格林，知晓其每天往返于位于纽约州北部的家和距家 22 千米外的中学。人们的生活习惯和行动轨迹被如此精确记录，就有可能通过分析更多地了解他们。《纽约时报》跟踪了丽莎的行动轨迹，其中包括她去过的减肥专家、皮肤科医生的办公室以及她前男友的家。这令她很不安，她告诉《纽约时报》原因："我不想让公众知道自己的私密行为，这是人之常情。"在几十年前，这种级别的监视需要私家侦探或政府专门机构才能完成。现在，它只是广泛可用的商业数据集的一个副产品。

显然，我们已经进入了一个"美丽新世界"。

随着数据的收集和分析量的激增，隐私将成为受关注的焦点。算法不仅被动地分析我们所产生的数据，也被用来主动地做出影响我们生活的决定。一些计算机代码越来越多地通过电话和互联网与我们进行交互。当你申请信用卡时，你的信息可能永远不会被真实的人来审查。取而代之的是，系统中的审查程序从许多不同数据来源提取出与你申请相关的数据，并自动批准或拒绝你的请求。你可以立即知道申请是否得到批准，而不需要等待 5～10 个工作日，尽管这一点很好，但这样的自动处理方式可能依然让我们疑虑难消。在美国的许多州，基于所谓的机器学习的算法还被用于进行做保释、假释和刑事量刑的决定，或者同样被用于城市之间警力的部署。这些算法被用来直接影响人们生活的各种重要领域的决策。这不仅引发了关于隐私的问题，还引发了关于公平性以及其他各种基本社会价值观的问题，包括安全性、透明度、问责制甚至伦理问题。

因此，假设我们要继续生成并使用庞大的数据集来自动做出重要决策（看起来逆转这种趋势如同让我们回归农业社会一样是不可能的了），我们就必须认真考虑一些重要的问题，其中包括对数据和算法使用的限制，制定和实施这些限制的机构，以及相应的法律法规。我们必须认真考虑如何科学地解决这些关注的问题。如果将伦理原则直接加入日益融入我们日常生活的算法设计中，这一举动将意味着什么？算法伦理设计这一新兴科学正试图给出解答，本书将介绍与之相关的内容。

0.2 通过算法排序

首先，究竟什么是算法呢？在最基本的层面上，算法不过是用于执行某些具体任务的一系列非常精确的确定指令。排序算法是一个简单的算法(计算机科学专业一年级学生学习的算法),排序是非常基本而又很重要的任务,例如将一列数字从小到大依次排列。想象一下,你面对着一排 10 亿张卡片,每张卡片上都有一个数字,目标是按升序重新排列卡片,或者更确切地说,你要给出一种能够使数字按升序排列的算法。这意味着算法中描述过程的每个步骤都必须明确,无论卡片上数字的初始排列方式如何,必须保证最后呈现出的是按升序排列的状态。

这里介绍一种简单的排序算法。从左到右浏览以找到最小的数字(可以用铅笔和纸来辅助记录),这个数字可能写在第 65704 张卡片上。然后将该卡片与最左边的卡片交换。现在,根据需要,数字最小的卡片已经排在列中的第一位了。接下来,再次从左边开始浏览,找到数字第二小的卡片,然后将该卡片与左边第二张卡片交换。继续以这种方式进行操作,直到完成了对所有卡片的排序。于是,便形成了这样一个能精确排序,并且始终有效的算法。

从某种意义上说,这个算法或许算是一个"坏"算法,因为有更快的算法可以解决同一问题。如果我们仔细考虑一下,会发现这个算法将扫描那 10 亿个数字的排列 10 亿次:从最左到最右,然后从左数第二到最右,再从左数第三到最右,依此往复。每次扫描仅将一个数字放在适当的位置。用算法的语言来说,这被称为平方时间的算法,因为如果排列的长度为 n,则算法所需的步数("运行时间")将与 n 的平方成正比。如果 n 为 10 亿(例如,若想按每月使用脸书的时间来对其用户进行排序),即使最快的计算机也需要很长的时间。幸运的是,有一些算法的运行时间更接近于 n,而不是接近 n 的平方。这样的算法对于现实中的大规模排序问题也足够快。

算法设计有趣的方面之一是,即使对于诸如排序之类的基本问题,根据我们所关注的问题不同,也存在多种具有不同优缺点的替代算法。例如,有关排序,维基百科的相关页面列出了 43 种不同的算法,包括快速排序(Quick Sort)、堆排序(Heap Sort)、冒泡排序(Bubble Sort)和鸽巢排序(Pigeonhole Sort)等。当我们假定初始列表是随机顺序时(如不是按相反的顺序排列),有些算法速度会更快。有些算法使用的内存比其他算法少,但速度较慢。当我们假定列表中的每个数字都是唯一的(如美国社会保险号),有些算法表现得更出色。

因此,即使在为确定的计算任务研发算法的情况下,也需要在权衡后进行选择。传统的计算机科学一直专注于与性能指标有关的算法权衡,包括计算速度、所需的内存量或在不同计算机上运行的算法之间所需的通信量等。本书所描述的新兴研究,涉及算法设计的一个全新维度——对诸如隐私和公平之类的社会价值观的明确考量。

0.3　人与机器学习

　　上述的排序算法之类的算法通常由设计它们的科学家和工程师编码,过程的每一步均由其设计人员明确指定,并用通用编程语言(如 Python 或 C++)写出。但并非所有算法都是这样,更复杂的算法(我们将其归类为机器学习算法)是自动从数据中得出的。我们有可能通过手工编码从数据中得出最终算法(有时称为模型)的过程(或元算法),但并未直接设计模型本身。

　　在传统算法设计中,虽然输出可能有用(例如脸书使用时间的排序列表,可以帮助分析最活跃的用户的行为统计特性),但该输出本身并不是一种可以直接应用于进一步的算法。相反,在机器学习中,这就是重点。例如,考虑这样一种情景,获取先前录取的大学生的高中信息数据库,这些大学生中有些人毕业了,有些人则没有。通过该数据库来推导预测未来申请大学的学生将来毕业可能性的模型。我们没有尝试直接指定用于进行这些预测的算法(这一举动可能非常困难且微妙),而是编写了使用历史数据来推导我们的模型或预测算法的元算法。机器学习有时被认为是"自我编程"的一种形式,因为它主要是决定学习模型详细形式的数据。

　　这个数据驱动的过程是我们如何获得算法的过程,例如人脸识别、语言翻译以及许多其他预测问题,本书将对其进行讨论。确实,由于互联网使消费者数据激增,机器学习算法设计方法现在已成为常态而不是个例。然而,最终的算法或模型与人类的直接联系越少,人们对这些模型的意料之外的伦理问题及其他副作用的了解也就越少,这是本书的重点。

0.4　为什么会出错

　　读者可能会因为对算法赋予道德特征而有些怀疑。毕竟,算法就像锤子一样只是一种工具而已,是人为产物,谁能接受锤子有道德的想法?当然,锤子可能被用在不道德的用途上(如作为行使暴力的工具),但这不能说是锤子的过错。任何关于使用或误用锤子而产生的道德问题都可以归于使用锤子的人。

但是算法(尤其是通过机器学习直接从数据中得出的模型)是不同的。这些算法之所以不同,不仅因为我们允许它们在没有人工干预的情况下替我们做决定,而且它们通常很复杂且不透明,以至于甚至连他们的设计师都无法预知它们在诸多情况下的行为。与仅仅设计一把作为工具能出色地完成工作的锤子不同,算法可以具有极大的通用性,在用途上非常灵活,更接近人类的思维,而不是仅仅作为木匠的工具箱中的工具之一。而且与锤子不同,通常很难将算法的特定错误直接归咎于设计或使用算法的人。本书将展现许多实例,其中就包含了算法会泄露敏感的个人信息或歧视某个人、某些人类群体的情况。但是这些问题到底是怎么发生的呢?侵犯隐私权或违反公平性是归咎于软件开发人员的不称职,还是因为不良程序员故意将种族主义的偏见进行编码并故意使用在其程序中?

答案都是否定的。算法不当行为的真正原因可能比人类的渎职(我们至少对此更加熟悉并拥有一些解决机制)更加令人不安。社会上最有影响力的算法从谷歌(Google)搜索、脸书的新闻订阅、信用评分到健康风险评估算法,通常都是由专业的科学家和工程师精心开发的,运用了众所周知的设计原则。而问题实际上出在这些原则本身,尤其是机器学习的原则。稍后,我们再来讨论这些原则。

图 0.1 建立一个模型,使用高中成绩数据来预测高中生在大学的表现。图中每个点代表一个大学生的高中成绩绩点(GPA)和 SAT 分数。标有"＋"的点表示在 4 年内成功从大学毕业的学生,标有"－"的点表示未毕业的学生。虚线(直线)虽然不完美,但是将"＋""－"分开的效果很好,可以用来预测高中生未来的表现。实线(曲线)产生的错误更少,但更为复杂,可能会产生其他意想不到的问题。

正如我们所指出的,本书讨论的许多算法将更准确地被称为模型。这些模型可以做出有意义的实际决策,是强大的机器学习元(Meta-)算法应用于大型复杂数据集的结果。对机器学习算法的一个粗略但有用的理解是,将数据输入到一个特定算法中,该算法在很大的模型空间中可以匹配到一个能很好地拟合输入数据的模型。设想一下,在一张纸上有 100 个点,每个点都标记为"＋"或"－",现在要求绘制一条曲线,正好能将正点与负点分开。正点和负点是数据,你可以代替算法来尝试绘制不同的曲线,直到确定找到你认为最佳的分隔曲线为止。你选择的曲线就是模型,它将用于预测新的点是正还是负。现在,再设想一下,不是 100 个点,而是 1000 万个点;它们不是位于一张二维的纸上,而是位于10000 维空间中。无论人有多么聪明,都不能指望人能代替算法来寻找到确定模型。

机器学习中的标准且使用最广泛的算法是元算法,它简单、透明且有原则。神经网络

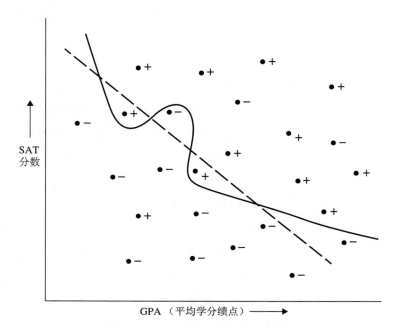

图 0.1　以高中成绩数据来预测学生在大学表现的模型

算法是一类强大的预测模型。如图 0.2 所示，我们针对著名的反向传播算法，复制了维基百科给出的该算法高级描述，或称为"伪代码"。这个描述仅 11 行，很容易教给本科生。主要的"forEach"循环只是简单地反复遍历数据点（正点和负点）并调整模型的参数（要拟合的曲线），以减少错误分类的次数（模型可能错误地将正点分类为负点，或者错误地将负点分类为正点）。

```
initialize network weights (often small random values)
do
    forEach training example named ex
        prediction = neural-net-output(network, ex)  // forward pass
        actual = teacher-output(ex)
        compute error (prediction - actual) at the output units
        compute Δwₕ for all weights from hidden layer to output layer   // backward pass
        compute Δwᵢ for all weights from input layer to hidden layer    // backward pass continued
        update network weights // input layer not modified by error estimate
until all examples classified correctly or another stopping criterion satisfied
return the network
```

图 0.2　用于神经网络的反向传播算法的伪代码

因此，当人们讨论机器学习的复杂性和不透明性时，他们实际上并非（或者至少不应该）指的是实际的优化算法，例如反向传播算法。这些是人类设计的并不复杂的算法，但它们生成的模型（此类算法的输出）可能是复杂且难以理解的，尤其是当输入数据本身很复杂且可能的模型空间很大时。这也是使用模型的人无法完全理解该模型的原因。反向传播算法的目标是完全可以理解的，就是使输入数据上的错误最小化。机器学习的不透明性以及可能出现的问题,实际上是通过算法与复杂数据进行交互以生成复杂的预测模型时才出现的。

例如,当被用于做出大学录取决定时,预测大学表现情况的总体误差最小化模型可能会出现这种情况:比起合格的白人申请者,合格的黑人申请者更容易被模型错误地判断为拒绝。为什么呢?因为设计师没有考虑到这种情况,也就没有将算法设计为设法使两组(白人与黑人)之间的错误拒绝率相等。在正常应用场景下,机器学习不会"免费"提供任何没有明确要求的东西,反而在实际操作中可能经常会给出预想不到的相反结果。换句话说,诸如神经网络之类的具有丰富空间的模型包含许多"尖角",这些"尖角"为实现我们的预期目标提供了机会,同时也可能会以我们未曾明确考虑的一些事情为代价,例如隐私性和公平性。

这样的结果是,机器学习可能产生一些复杂的自动决策,具有其自身产生的一些特征,与设计人员人工设计的截然不同。设计人员可能对用来产生决策模型的算法有很好的了解,但对产生出的模型本身没有了解。为了确保这些模型的效果符合我们要维护的社会规范,我们需要学习如何将这些社会规范直接设计到算法中。

0.5　我们是谁

在开始与技术、社会、伦理和算法设计结伴同行的旅程之前,有必要向读者介绍我们是谁,以及我们对这些看似完全不同的主题感兴趣的原因。了解我们的背景有利于阐明本书的目的和意图,以及我们选取研究对象的原因。

我们都是理论计算机科学领域的职业研究人员。理论计算机科学是计算机科学的一个分支,形式化的数学计算模型是研究的重点方向。请注意,这里说的是"计算"而不是"计算机",因为就本书而言(甚至可能是一般而言),了解理论计算机科学最重要的一点是,它将计算视为一种普遍现象,而不是仅限于技术的内容。这种观点的科学依据源自20世纪30年代第一位理论计算机科学家艾伦·图灵(Alan Turing)的惊人影响,他用现在被称为图灵机的数学模型证明了计算原理的普遍性。包括我们自己在内的许多接受过理论计算机科学训练的人,不仅将该领域及其工具视为另一门科学学科,而且将其视为观察和了解我们周围世界的一种方式,似乎那些早期接受过理论物理学训练的人也会如此。

一位理论计算机科学家认为计算无处不在，不仅在计算机中，而且在自然（如遗传学、进化学、量子力学和神经科学）中，在社会（如市场和其他集体行为系统）中，乃至在其他任何地方都可以进行计算。这些体现了艾伦·图灵所设想的一般意义上的计算。当然，各领域的计算所涉及的物理机制和细节是不同的。例如，遗传学中涉及的是 DNA 和 RNA，而不是经典电子计算机中的电路和电线，计算的精度较低。但是，我们仍然可以通过将各种系统视为计算系统，从而得到有价值的见解和思想。

实际上，这种世界观被许多计算机科学家所认同，且不仅仅是理论计算机科学家。理论计算机科学的显著特征是渴望建立数学上精确的计算现象模型并探索其算法性质。从事机器学习应用的技术人员会开发和使用如反向传播这样的算法（正如之前讨论的那样），然后将其应用于真实数据以查看其生成的模型性能如何。这样做实际上并不需要技术人员精确地指定"学习"的含义，或者预测算法可能会带来的计算困难。技术人员只需简单地考虑该算法在计算他们需要处理的特定数据或任务时是否运作良好即可。

与应用技术人员不同，理论计算机科学家将倾向于通过首先给出机器学习中"学习"的精确定义（或潜在定义的多个变体），然后系统地探索在这种定义下算法可以实现和无法实现的地方。可以将典型的应用者视为遵循耐克的"Just Do It"（"只管去做"）口号，而理论家则遵循"Just Define and Study It"（"只管定义并研究它"）主张。人们很自然地会想知道理论计算机科学的实用价值是什么。的确，在许多科学领域中，理论经常落后于实践。但是我们坚信（也相信许多同行也会认同），例如"隐私"和"公平"之类的概念，当其正确定义还并不清晰却又非常重要时，理论方法是必不可少的。

能写下精确的定义以捕捉关键的、非常人性化的思想的本质，而又不能过于复杂，这堪称是一种艺术形式。在许多情况下，简化是必要的，然而它也不可避免地会带来很多副作用。本书中这种矛盾将反复出现。但是我们应该记住，这种矛盾本身并不是理论方法的产物。相反，它反映了精确地对待诸如"公平"之类的模糊概念的内在困难。我们认为，使算法表现更好的唯一方法是，事先确定好它们输出的目标。

尽管如此，我们对本书所述主题的研究和兴趣并非完全来自理论的抽象和数学。我们一直都对将这种方法应用于机器学习和人工智能中的问题感兴趣。我们对机器学习中以数据为基础的实验性工作不存在歧视，并且也有很多这方面实践的经验。这些实践通常是对我们理论的实用性和局限性的检验。正是应用中的趋势——互联网上消费者数据的爆炸性增长，以及随之而来的用于自动决策的机器学习的兴起——使我们和我们的同行意识到并关注了随之而来的潜在危害。

在过去的十年中，我们花了很多时间研究本书中涉及的主题，并与利益相关的各方面专家进行了交流互动；还花了很多时间与律师、监管机构、经济学家、犯罪学家、社会科学家、技术行业专业人士以及许多相关人士讨论本书提出的问题；就算法的隐私和公平性也向美国国会委员会、公司和政府机构提供了证词和意见，在量化交易和金融、法律、监管和算法咨询、技术投资和初创企业等领域也拥有广泛的实际操作的专业经验。所有这一切，让我们聚焦于本书所讨论的社会问题。

简而言之，我们只是现代计算机科学家，而不是其他什么身份。我们不是律师或监管人员，也不是法官、警察或社会工作者；我们无法直接帮助那些因为算法而被侵犯隐私或遭遇不公平待遇的人；我们也不是对歧视或其他形式的不公正问题有深刻理解的社会活动家。

因此，在一些必要的、重要的事项上，我们往往不做过多阐述，如如何制定更好的法律或政策，提出如何改善社会机构以减少不公平现象的提议，讨论是否以及如何通过技术升级来进行劳动力转移等。这并不是说我们不重视这些事或对这些事有偏见。这些内容和本书的主题——关于社会算法问题的科学方法和解决方案不甚相关，本书将聚焦于我们所深耕熟知、深思熟虑的主题——如何设计更好的算法。

0.6　本书内容包含和不包含什么

通过简单搜索就可以发现许多近期的书籍、新闻报道和科学文章都记录了算法对特定人员（甚至通常是大规模人群）造成侵害的案例。例如，受控的在线实验已经证明在谷歌搜索结果、脸书广告和其他互联网服务中存在着种族、性别、政治和其他类型的偏见。近期在刑事案件判决中使用的预测模型存在种族歧视的爆炸性争论，已经引起了统计学家、犯罪学家和法律学者的高度关注。在数据隐私领域，有多个案例是有人通过"去匿名"方法，从那些被匿名化的数据中推断获取有关特定人员的敏感信息，包括病历、网络搜索行为和财务数据等。如前述《纽约时报》从有关位置的"匿名"数据获取丽莎·马格林隐私信息的案例。在算法数据分析工具的推动下，可以更快、更有效地搜索数据中的相关性。甚至有大量科学发现被证明是不正确的，造成了金钱乃至生命健康的损失。现代算法可能会经常践踏我们所珍视的一些社会价值观，这一点已愈发不容小觑。

至此，问题变得越来越明显，那解决方案呢？迄今为止，大部分讨论都集中在可能被我们认为是"传统"的解决方案上，例如针对算法、数据和机器学习的新法律和新法规。欧盟的《通用数据保护条例》是旨在限制算法出现侵犯隐私行为的一系列法律，对算法行为实施模糊的社会价值观限制，如"可审计性"和"可解释性"。法律学者沉迷于研讨现有法律如何适用或是否适用于以人为主导转为以算法为主导的新场景，如美国的禁止就业歧视法案。科技行业本身已开始实行各种类型的自我监管计划，如"人工智能造福人类和社会的伙伴关系"。政府组织和监管机构正在努力弄清算法的发展会如何影响它们的职能，美国国务院甚至举办了关于人工智能在外交政策中的作用和影响的研讨会。

在撰写本书时，我们认真讨论了关于数据收集在社会中的适当作用：如果某些事情造成的长期性的社会后果是得不偿失的，那么这些事情是不应该去做的。与白人相比，黑人的面部识别算法是否具有更高的错误率可能还不是最重要的。也许我们根本不应该进行大规模的面部识别，仅仅因为这样可能会使我们更接近被监视的状态。相关活动和讨论是有益的、重要的和必要的，已有前人对此进行了详尽的撰写。

因此，本书的内容没有覆盖上述这些领域，而是着重研究了将社会约束直接设计到算法中的新兴科学，以及由此产生的结果和权衡。尽管在本书的剩余部分我们专注于具体的技术解决方案，但我们并没有误以为仅凭技术就能解决复杂的社会问题，影响社会层面决定的算法也不是凭空设计出来的。为了做出明智的决定，我们需要能够理解使用某些种类的算法的后果，以及以各种方式限制它们的代价。这就是本书的目的。

看到这里，读者可能会对由理论计算机科学家写的一本关于伦理算法的书感到不安，这是可以理解的。但是现在，带来这种不安的人们已经提出了处理方法——使用更多的算法。我们确信，减少算法不当行为本身将需要更多、更好的算法，这些算法可以协助监管机构、监督团体和其他组织监视和衡量机器学习和相关技术的不良影响。这将要求这些技术的版本更加"具有社会意识"，从而能够表现得更好。本书是关于新科学的基础算法。这些算法将使人为指定的诸如公平和隐私之类的规则能被精确定义并内在化，以确保它们得到遵守。与其从外部调节和监视算法，不如从内部修复它们。使用新生领域的首字母缩写词可以将我们在这里研究的主题定义为关于算法设计的 FATE（公平"Fairness"，准确"Accuracy"，透明"Transparency"和伦理"Ethics"的英文首字母的组合）。

不可避免的事实是，首先发展了特定科学或技术分支的人几乎也是最了解其局限性、缺点和危险的人，也是最可能纠正或减少这些负面影响的人。因此，从事机器学习研究的科研界必须参与并关注有关算法决策的伦理因素，这一点至关重要。例如，第二次世界大战期间研发原子弹的"曼哈顿计划"，许多参与该计划的科学家付出了多年的努力，以尽可能减少使用他们自己的发明（原子弹）。当然，与使用核武器相比，算法造成的生命代价还没有那么严重（至少到目前为止），但是其危害更加分散，更难以发现。无论人们认为算法在我们社会中应发挥的最终作用如何，从根本上讲，算法的设计者应该为它们负责的观点是正确的。

如上所述绝对没有建议算法本身应该如何决定,或者是否被用来决定实施或监督的社会价值观的意思。公平、隐私、透明、可解释性和伦理的定义应牢牢地保留在人的社会领域中,即所指的努力最终必须是来自科学家、工程师、律师、监管者、哲学家、社会工作者和相关公民之间协作的原因之一。当然,一旦给诸如隐私之类的社会规范提供了精确、定量的定义,我们就可以将它们"解释"为一种算法,然后确保遵守该算法。

显然,本书最大的挑战之一是发展我们大多数人都可以认同的社会价值观的量化定义。可以看到,到目前为止,在隐私等领域,该问题已经得到了较好的解决(但是不可避免地有不完美的情况),在公平等领域,则取得了良好但不确切的进展。对于可解释性或道德等价值观,还有很长的路要走。但是,尽管有困难,我们还是认为,当我们使用诸如隐私和公平之类的词语时,我们所做的努力是极其超前的,这本身就有很大的好处——既因为它在算法时代是必需的,又因为这样做经常可以揭示我们对这些概念的直觉中隐藏的微妙之处,以及其中的缺陷和权衡。

0.7　本书内容简述

在本书中,我们将看到如何扩展机器学习所基于的原则,以一种定量、可测量、可验证的方式,要求我们将个人和社会所关心的许多道德价值观纳入机器学习中。

显然,要求算法公平或保护隐私的第一个挑战是要明确这些词的含义。不能以律师或哲学家的方式描述它们,而是要以足够精确的方式来描述它们,以保证能够被机器所"解释"。这将是不平凡的,而且是开创性的。许多最初的定义都会被认为存在严重的缺陷。在一些情况下,我们还将看到一些实际上存在着相互冲突的直观定义。

一旦我们确定了定义,就可以尝试将其内化到机器学习应用中,并编码到算法中。但是该如何做呢?机器学习已经有了一个"目标",我们要最大程度地提高预测准确性。我们如何在不"混淆"算法原有目标的情况下将诸如公平和隐私之类的新目标引入代码中?简而言之,我们将这些新目标视为对机器学习过程的约束。如今不能仅仅要求将模型的错误最小化,因为所要求的模型应能最大限度地减少错误,同时约束条件使它不会"过分"违反特定的公平或隐私概念。虽然这在计算上可能是一个更难解决的问题,但从概念上讲，它只是原始问题的微小变化，却能带来重大变化的后果。

第一个主要后果是，我们现在将拥有可以保证具有我们所要求的特定道德行为的算法。第二个主要后果是，这些保证将要付出一定的代价，即学习模型的准确性会付出一定的代价。如果用于预测贷款还款的最准确模型在种族方面存在歧视，则根据定义，消除该歧视会导致模型的预测精度降低。这些成本可能让公司、监管者、用户以及整个社会陷入艰难的处境。如果为了更公平、更私密的机器学习导致谷歌的搜索结果更差，位智（Waze，一个交通导航应用）的导航效率降低或亚马逊的产品推荐效果不理想，我们又会感觉如何？如果从刑事量刑模型中寻求公正意味着要释放更多的罪犯或将更多的无辜者关押起来，又该怎么办？

好消息是，我们还可以量化"准确性"和"良好行为"之间的取舍，使利益相关者能够做出明智的决策。特别是，我们能将准确性和社会价值都置于可控的滑动范围内。书中第 1 章给出了有关隐私的案例，第 2 章给出了涉及公平的案例。

到目前为止，我们的讨论主要是指以孤立的、连续的方式使用机器学习。从个人数据构建模型，以便对未来的个人进行预测或决策。但是，在许多场景中，用户、用户生成的数据、构建的模型以及这些用户的行为之间存在复杂的反馈循环。导航应用程序使用 GPS 数据对交通进行建模和预测，进而影响它们建议的行驶路线，然后用于更新构建下一个模型的数据。脸书的新闻推送算法利用用户的反馈来构建用户感兴趣内容的模型，这反过来又会影响用户阅读和"点赞"行为，从而再次改变模型。整个系统（用户、数据和模型）在不断变化和发展，通常会以自利原则和博弈方式进行。我们会从科学研究的角度来看待这个系统，类似最近的科学研究"可再现性危机"的观点。为了理解这样的系统，为了设计更好的系统，我们需要将算法设计与一些相关科学（经济学和博弈论）结合起来。

上述的内容已经为本书的剩余部分提供了粗略的路线图。第 1 章和第 2 章将依次考虑算法的隐私性和公平性。我们认为，这些是最广为人知的伦理算法领域，并且有相对成熟的框架和结果需要讨论。第 3 章考虑了用户、数据和算法之间的博弈式的反馈循环。通过关注算法行为的社会影响，将其与前两章联系在一起。第 4 章着重于介绍数据驱动的科学发现及其存在的缺陷。第 5 章简要介绍了一些我们认为重要的伦理问题，这些问题到目前为止，尚缺乏科学上的论述，如透明度、问责制乃至算法伦理等。最后，在总结中，我们简要地总结了一些经验教训。

应当强调的是，将我们所关注的社会价值观形式化并设计成算法是远远不够的，实际上这种算法被大规模地采用也是至关重要的。如果平台公司、应用程序开发人员和政府机构不关心隐私或公平性（或者事实上这些规范与他们的目标背道而驰），那么在没有鼓励、压力或强迫的情况下，他们将忽略本书中将要描述的各种算法伦理。在当前的技术环境中,人们常常能感觉到,在社会价值观与收集和控制用户数据的公司的企业价值观之间,确实存在着鸿沟。但这并不是现在不去做和不去了解先进科学的理由。近期的诸多发展(包括对数据和算法监管的广泛呼吁)可以看出,消费者和立法机构对反社会算法行为的压力越来越大,且更多的非专业人士也都逐渐意识到这些问题的危害,这表明针对相关科学研究的需求很快会到来。

　　算法伦理的科学研究还处于起步阶段。我们在本书中描述的大多数研究工作开展还不到十年,其中一些研究还远远不够完善。这是我们多年来沉浸于其中的一个原因,我们也一直致力于推进本书中所述的科学。这是个快速发展的领域,可以肯定的是,本书所述的大部分内容在不久的将来都会过时和更新。对于很多人来说,这可能标志着撰写该领域的概论著作还为时过早。而对我们而言,情况恰恰相反,因为我们认为科学和技术领域最激动人心的就是研究前沿在迅速变化。我们在研究不断出现的令人棘手的科学问题,与此同时,我们也要分享新兴科学带给我们的激动。我们将本着这种不确定和冒险的精神开始进一步的探索之旅。

1 算法隐私：从匿名到噪音

1.1 "没有匿名数据"

医学研究很难运用大规模数据科学的成果，因为医学相关数据通常是高度敏感的个人患者的病历，无法自由共享。在 20 世纪 90 年代中期，美国马萨诸塞州的一个政府机构团体保险委员会（Group Insurance Commission, GIC）决定通过发布总结每个州的雇员到医院就诊的数据来帮助学术研究人员进行研究。为了使记录保持匿名，GIC 删除了明确的患者标识符，例如姓名、地址和社会保险号。但是事实上，每条医院记录都包括患者的邮政编码、出生日期和性别。这些都被视为有用的汇总统计数据，而且这些统计数据看起来似乎足够粗略，无法映射到具体的个人。马萨诸塞州州长威廉·威尔德（William Weld）向选民保证，会删除明确的患者标识符以此保护患者的隐私。

彼时，正在麻省理工学院攻读博士学位的拉坦亚·斯威尼（Latanya Sweeney）对此表示怀疑。为了阐明自己的观点，她着手从"匿名"发布的数据中查找威廉·威尔德的病历。她花了 20 美元购买了马萨诸塞州剑桥市（她知道州长住在那里）的选民登记册。选民登记册中的数据集中包含每个剑桥市选民的姓名、地址、邮政编码、出生日期和性别，当然也包括威廉·威尔德的信息在内。一旦获得了这些信息，其余的工作就很容易了。事实证明，剑桥市只有 6 个人和州长生日是同一天。在这 6 个人中，有 3 个是男人。在这 3 个人中，只有一个人与州长的邮政编码相同。因此，与威廉·威尔德的出生日期、性别和邮政编码相一致的"匿名"记录是唯一的，拉坦亚·斯威尼已经确定了州长的病历，她把病历送到了州长的办公室。

回想起来，这里的问题在于，尽管不能单独使用生日、性别和邮政编码来识别具体的人，但将这些信息结合使用则可以将识别变得非常简单。实际上，拉坦亚·斯威尼随后根据美国人口普查数据估计，可以从此数据三元组中准确识别出 87% 的美国人口。现在既然我们知道了这一点，那在未来是否在发布数据信息时简单地隐藏有关生日、性别和邮政编码的信息就能解决隐私问题呢？

事实证明，通过许多看起来并不显眼的信息也可以识别到个人，例如你所看的电影。网飞（Netflix）公司在 2006 年发起了网飞奖金竞赛。这是一项公共数据科学竞赛，旨在寻找最佳的"协同过滤"算法来为网飞的电影推荐引擎提供动力。网飞的一项主要功能是，通过用户对过去上映的电影的评价，向他们推荐可能喜欢的电影（网飞主要提供在线 DVD 光碟的租赁服务而不是流媒体服务，这一点尤其重要，因为用户在选择 DVD 光碟时很难快速浏览或观看电影内容）。协同过滤是一种机器学习算法，旨在根据相似用户的评价为用户推荐产品。对于每位用户，网飞都有该用户评价过的电影列表。对于每部电影，网飞都知道用户给这部电影的评分（从 1 星到 5 星）以及用户提供评分的日期。协同过滤算法的目标是预测给定用户将如何评价他（她）还未看过的电影。预测评分最高的电影，将被推荐给用户。

网飞具有基于协同过滤的基本推荐系统，但该公司希望有一个更好的系统。网飞奖金竞赛提供了 100 万美元奖金，希望将网飞现有系统的准确率提高 10%。一下子达到 10% 的提升是很难的，因此网飞计划这项竞赛将开展多年。如果与上一年度的技术水平相比提高了 1%，参赛选手则可以获得 5 万美元的年度进步奖，对应的系统将成为当年提交的最佳推荐系统。当然，要构建推荐系统，选手需要数据，因此网飞公开发布了很多数据——由超过 1 亿部电影分级记录组成的数据集，对应大约 50 万用户对总计近 18000 部电影的评价。

网飞意识到了隐私问题。事实上，在美国，影片的租赁记录受制于严格的隐私保护法律。1987 年，美国保守派法律人士罗伯特·博克（Robert Bork）在最高法院法官提名听证会过程中，他所租赁的录像带清单被刊登在《华盛顿市报》。在此事件之后，美国国会于 1988 年通过了《录像隐私保护法》（《The Video Privacy Protection Act》）。该法律规定，如果客户租赁录像带的记录被泄露，录像带租赁商应承担每位客户最高 2500 美元的赔偿责任。因此，正如马萨诸塞州所为，网飞删除了所有用户标识符，用唯一但无意义的数字 ID 表示每位用户，完全不涉及人口统计信息——没有性别，没有邮政编码。每个用户的唯一数据是他（她）的电影评分。

然而，仅在数据发布两周后，阿尔文德·纳拉亚南（Arvind Narayanan）（当时正在德克萨斯大学奥斯汀分校攻读博士学位）和他的导师维塔利·史马提科夫（Vitaly Shmatikov）宣布，他们可以给许多"匿名"的网飞用户加上真实姓名。他们在研究论文中写道：

我们证明，只要用户的记录存在于数据集中，哪怕只对用户了解一点点的攻击者也可以轻松识别他（她）的记录，或者至少可以识别其中一小部分的记录。攻击者所获取的信息不需要是精确的，如评分日期可以有 14 天的误差，用户的评分只需知道个大概，甚至评分日期和具体评分都是错误的。

关于网飞数据集，他们发现，如果攻击者知道目标用户对 6 部电影进行评分的大概日期（在几周的范围内），则攻击者有 99% 的概率唯一地识别该用户。他们还表明，通过将网飞数据集与互联网电影资料库（Internet Movie Database，IMDb）的电影评分进行比对，可以大规模地实现目标识别。因为在 IMDb 上，人们可以使用自己的真名公开发布对电影的评分。

但是，如果人们公开发布有关他们所观看电影的相关信息，而网飞数据对这些信息进行集中识别是否应为视为侵犯隐私？答案是肯定的。人们可能只会公开发布他们所观看电影中的一小部分，但会在网飞上对所有观看的电影进行评分。公开发布评论可能足以揭示他们在网飞的身份，然后进一步暴露他们观看和评分的所有电影——其中可能包含个人敏感信息，包括政治倾向等。认为网飞公司侵犯了自己隐私权的用户提起诉讼，并要求按照《录像隐私保护法》所规定的最高赔偿标准对超过 200 万用户的网飞公司收取罚款——每位用户 2500 美元。网飞公司以未公开财务条款解决了这起诉讼，并取消了计划中的第二届网飞奖金竞赛。数据匿名化的历史上充斥着更多的类似失败。当你观看特定电影，或者在亚马逊上购买了几件商品时，你留下的记录看起来是非常少的，但这些已经足以让你在数十亿人（至少是出现在大型数据库中的用户数据）中被识别出来。当数据管理员正在考虑发布"匿名"数据集时，他可以尝试对攻击者重新识别数据集中的某个人的困难程度做出有根据的猜测。但是他可能很难预见攻击者还会利用其他数据源，例如可用的 IMDb 评论。一旦数据在互联网上发布，就无法从任何实际意义上撤销它了。因此，数据管理员不仅必须能够预见攻击者使用当前可用的各种数据源可能发起的每种攻击，而且还必须预见基于未来可用的某个数据源进行的攻击。这本质上是不可能完成的任务。辛西娅·德沃克（Cynthia Dwork）（差分隐私的发明者之一，我们将在本章之后的部分讨论）之所以喜欢说"匿名数据不是匿名数据"，就是因为如果删除的信息过少，那么匿名数据或许不是真正意义上的"匿名"；如果删除的部分过多，那么也不是真正意义上的"数据"了。

1.2 糟糕的解决方案

我们如何解决去匿名化（也称为重新识别）的问题？在马萨诸塞州的医院记录和网飞案例中，问题在于被公开的数据集中有很多唯一记录。1951 年 12 月 18 日，剑桥市邮政编码为 02139 的地区只有一个男婴出生；只有一位网飞用户在 2005 年 3 月观看了《狼的时光》《巴西的马蒂尼》《失落的儿童之城》。唯一记录类似于指纹的独一无二。任何知道某人足够多的信息，掌握了某个"指纹"的人就可以实现去匿名化，在匿名数据中识别出某人，从而就可以了解该数据中包含的所有其他信息了。

例如，表 1.1 为宾夕法尼亚大学医院（HUP）的虚拟患者表。即使隐去了姓名，任何知道丽贝卡（Rebecca）的年龄和性别并知道她在宾夕法尼亚大学医院就医的人都可以知道她是 HIV 感染者，因为这些属性在该数据库中唯一地识别了她。

表 1.1　宾夕法尼亚大学医院虚拟患者表

姓名	年龄	性别	邮政编码	是否吸烟	诊断病情
理查德	64 岁	男	19146	是	心脏病
苏珊	61 岁	女	19118	否	关节炎
马修	67 岁	男	19104	是	肺癌
爱丽丝	63 岁	女	19146	否	克洛恩病
托马斯	69 岁	男	19115	是	肺癌
丽贝卡	56 岁	女	19103	否	HIV 感染者
托尼	52 岁	男	19146	是	莱姆病
默罕默德	59 岁	男	19130	是	季节性过敏
丽莎	55 岁	女	19146	否	溃疡性结肠炎

注：虚构患者表中只有一名 56 岁女性，任何了解丽贝卡基本信息并知道她在宾夕法尼亚大学医院就医的人都能推断出她是 HIV 感染者。

最初的解决方案被称为 k-匿名。它能在单个记录中编辑信息，这样没有一组特征能仅与单个数据记录相匹配。个人特征被分为"敏感"和"不敏感"的两类属性。在我们的虚拟患者表中，诊断病情是敏感的，其他各项属性都是不敏感的。k-匿名的目的是使敏感属性和不敏感属性之间的关联变得困难。通俗地说，如果数据库中出现的不敏感属性的任何组合与所发布的数据集中的至少 k 个人相匹配，则称发布的数据集是 k-匿名的。编辑表中的信息以使其匿名化的主要方法有两种：我们可以完全隐藏信息（完全不在发布的数据中包含该信息），也可以对其进行"粗糙化"编辑（不是按照已知情况精确地发布信息，而是将其变成一个大致范围）。将宾夕法尼亚大学医院虚构患者表的信息进行"粗糙化"编辑后得到表 1.2：

表 1.2　宾夕法尼亚大学医院信息"粗糙化"编辑后的虚拟患者表

姓名	年龄	性别	邮政编码	是否吸烟	诊断病情
＊	60～70 岁	男	191＊＊	是	心脏病
＊	60～70 岁	女	191＊＊	否	关节炎
＊	60～70 岁	男	191＊＊	是	肺癌
＊	60～70 岁	女	191＊＊	否	克洛恩病
＊	60～70 岁	男	191＊＊	是	肺癌
＊	50～60 岁	女	191＊＊	否	HIV 感染者
＊	50～60 岁	男	191＊＊	是	莱姆病
＊	50～60 岁	男	191＊＊	是	季节性过敏
＊	50～60 岁	女	191＊＊	否	溃疡性结肠炎

注：对信息进行匿名和 "粗糙化" 编辑后的同一数据库，现在有两条记录与丽贝卡的年龄范围和性别相匹配。

表 1.2 的信息已做匿名化处理，年龄和邮政编码已被"粗糙化"（将年龄模糊表示为 10 年的区间范围，并且邮政编码仅显示前 3 位数字）。表 1.2 现在是 2-匿名的。我们可能知道的关于某个人的任何不敏感信息（如丽贝卡是 56 岁的女性）现在至少对应于两个不同的记录。因此，任何人的记录都无法从他（她）的不敏感信息中被唯一地识别出来。

不幸的是，尽管 k-匿名可以从最严格的意义上阻止记录的"重新识别"，但它强调的"重新识别"并不是唯一的（甚至主要的）隐私风险。例如，假设我们知道理查德（Richard）是位 60 多岁的男性吸烟者，也是宾夕法尼亚大学医院的患者。我们无法识别他的记录，因为已知信息对应于修改后的表 1.2 中的 3 条记录。但是这 3 条记录中有 2 条对应于肺癌患者，1 条对应于心脏病患者，因此我们可以确定理查德要么患有肺癌要么患有心脏病。这仍然是严重的侵犯隐私行为，而不能为 k-匿名所规避。

此外，k-匿名的概念也遭遇了更严重而微妙的问题。那就是，当多个数据集被发布时，即使所有数据集都进行了 k-匿名处理，其保证也会在综合分析时完全消失。例如，除了知道丽贝卡是位 56 岁的女性不吸烟者外，我们还知道她曾在两家医院（宾夕法尼亚大学医院和附近的另一家宾夕法尼亚医院）就诊。假设两家医院都发布了 k-匿名的患者记录。宾夕法尼亚大学医院发布了我们在上面看到的 2-匿名表格（表 1.2），另一家宾夕法尼亚医院发布了以下 3-匿名表格（表 1.3）：

表 1.3　宾夕法尼亚医院 3-匿名的虚拟患者表

姓名	年龄	性别	邮政编码	诊断病情
＊	50～60 岁	女	191＊＊	HIV 感染者
＊	50～60 岁	女	191＊＊	狼疮
＊	50～60 岁	女	191＊＊	髋部骨折
＊	60～70 岁	男	191＊＊	胰腺癌
＊	60～70 岁	男	191＊＊	溃疡性结肠炎
＊	60～70 岁	男	191＊＊	流感症状

注：在这个来自丽贝卡就诊的另一家医院的 3-匿名表格中，有 3 条记录与她的年龄范围和性别相匹配。将表 1.3 与来自宾夕法尼亚大学医院的表 1.2 相结合，我们可以再次明确地推断出丽贝卡是 HIV 感染者。

这两个表分别都满足 k-匿名，但是放在一起进行对比时就出现了问题。从表 1.2 中，我们可以了解到丽贝卡可能是 HIV 感染者或患有溃疡性结肠炎。从表 1.3 中，我们得知丽贝卡可能是 HIV 感染者，患有狼疮或髋部骨折。综合在一起，我们可以肯定地知道她是 HIV 感染者。因此，k-匿名存在两个主要缺陷：一是它仅能防止很狭义的隐私侵犯（比如，对患者记录的明确重新识别）；二是无法保证在存在多种信息被公开时有效。

如果我们的目标是防止重新识别，那么另一个诱人的直观想法是，私人数据分析的解决方案就是不要在个人层面上发布任何数据。我们应该只发布许多人的汇总数据（比如平均值），或者说是使用机器学习得出的预测模型。这样，就没有什么可以重新识别的了。但是事实证明，这个方案既过于严格，又不够充分。聚合数据会带来大量的隐私风险，即使它已经限制了数据的可用性。正如下面的例子，在 2008 年首次被发现时震惊了遗传学界。

人类基因组是通过大约 30 亿个碱基对的序列编码的，这些碱基对是构成 DNA 基本组成部分的互补核碱基对。任何两个人的基因组几乎在所有位置上都相同——相似度超过 99%。但是基因组中的某些位置在两个人之间会有所不同。遗传变异的最常见形式称为单核苷酸多态性（Single Nucleotide Polymorphism，SNP）。SNP 代表基因组中的一个位置，其中一个人可能具有某个碱基对，而另一个人可能具有另一个碱基对。人类基因组中大约有 1000 万个 SNP。SNP 可用于识别疾病的遗传原因。全基因组关联研究（Genome-wide Association Study，GWAS）的目标通常是寻找 SNP 中遗传变异（等位基因)的存在与疾病患病率之间的相关性。生成一个基本形式的 GWAS 数据可能需要收集 1000 名患有某种疾病(如胰腺癌)的患者,对其 DNA 进行测序,并公布整个人群中每个 SNP 的平均等位基因频率。请注意,这种形式的数据仅包含平均值或统计数据。例如,在某个 SNP 位置中,有 65% 的人口拥有 C 核苷酸,而 35% 的人口拥有 A 核苷酸。但是,由于 SNP 太多,因此在一个数据集中可以有数十万或数百万这样的平均值。

2008 年的论文显示,通过结合大量简单的相关性测试(每个 SNP 一项),可以测试特定个人的 DNA 是否已用于计算特定 GWAS 数据集中的平均等位基因频率,也就是说,可以知道特定个人是否属于收集特定 GWAS 数据的群体。这不是重新识别,因为数据仅能了解到该人是否属于群体。这仍然是一个重大的隐私问题,因为收集 GWAS 数据的对象通常具有某些疾病特征。例如,得知某人在针对胰腺癌的 GWAS 组中,就可以推断出他患有胰腺癌。

作为对这项研究结果的回应,美国国立卫生研究院立即从开放获取数据库中删除了所有 GWAS 汇总数据。这个做法使隐私泄露问题有所缓解,但同时也给具有重要社会价值的科学研究设置了严重障碍。最近的研究表明,许多其他汇总统计信息也可能会泄漏隐私数据。例如,给一个经过训练的机器学习模型输入-输出访问权限,通常可以识别其训练集中使用的数据点信息。粗略地说,这是因为机器学习模型至少会稍微"过度拟合"训练的特定示例。例如,当要求它对用于训练它的照片进行分类时,模型的置信度一般较高;当要求它对以前未见过的图片进行分类时,模型的置信度可能会偏低。

1.3 违规和推断

一般而言,基于匿名化的数据隐私概念,容易受到我们之前描述的严重缺陷影响。我们可能会认为现代加密技术的强大功能可以在隐私保护中扮演重要角色。但是事实证明,密码学解决的是另一个不同的问题,我们可以更准确地称其为数据安全性,而不是提供给我们正在寻找的数据隐私方案。其中的区别和原因对我们来说也很有启发性。

想象一下用于医学研究的简单计算流程。它始于患者病历数据库,我们的目标是使用机器学习来建立模型,根据观察到的症状、检查结果和病史来预测患者是否患有特定疾病。因此,将患者病历数据库作为机器学习算法(例如反向传播)的输入,该算法继而输出所需的用于预测的神经网络模型。

在这个流程中，我们当然希望原始数据库得到保护。只能够允许授权人员（建立预测模型的医生和研究人员）读取或更改数据库。我们希望能防止数据的直接泄露（如近年来发生在一些互联网企业的数据泄露事件）。这是密码学试图以文件加密算法的形式解决的核心问题。对此，有一个形象的隐喻是锁和钥匙——当数据库被锁定时，只有那些拥有钥匙的人才能够解锁并访问它。

但是，神经网络与原始数据不同。我们希望它不仅可以由授权的医生和研究人员发布，而且可以尽可能被所有人使用。研究人员更希望顺其自然将其模型的详细信息发布在科学期刊上，以便其他研究人员和医生可以了解各种症状与所讨论疾病之间的相互关系。对神经网络进行加密或禁止其在现场使用，这不符合之前构建神经网络的初衷。通常，对数据（甚至包括敏感的私有数据）进行计算的目的是将有关该数据的一些广泛的属性公之于众。

尽管我们不太关心神经网络是否受到未经授权的破坏，但我们依然应该担心可能会从神经网络中做出不必要的推断。特别是，我们不希望神经网络可以用来允许某人确定特定人员病历的具体细节，例如是否患有某个疾病。实际上，最近的研究发现，这一点通常可以做到，即仅通过访问已学习的模型来提取训练数据。这比单纯地锁定数据更令人生畏。我们想要通过算法的结果发布有用的信息，但又不想泄漏出私人信息。

这就是本书所关注的隐私概念。随着我们生活的新时代的到来，隐私的重要性已迅速被放大。当前，敏感的消费者数据被用于建立预测模型，继而"发布"预测模型。从某种意义上说，预测模型为大量且分散的实体所使用，例如应用程序、雇主、广告商、银行、保险公司、法官和其他相关实体。尽管密码算法的设计已经研究了数百年（从 20 世纪 70 年代开始，随着公共密钥密码技术的出现，密码学的科学和实践已取得了巨大的进步），我们寻求的更微妙的推理隐私仍处于刚刚起步的阶段。

因此，除了简单的重新识别之外，还存在各种隐私风险。限制我们自己使用汇总统计信息并不能解决问题。隐私问题（至少是我们正在寻求的类型）不是密码学可以解决的问题。从更严格的角度思考如何处理所有这些问题的思路之一是先考虑我们要通过数据私有化降低哪些风险。也许我们可以从树立雄心勃勃的目标开始。我们是否可以做到执行数据分析，并对于参与分析数据的相关人员来说毫无任何风险？如果能够做到这一点，那似乎也就能够拥有保护隐私完全不受伤害的能力。如果能这样，我们最终将考虑如何有效地实现这一目标。但是，下面的实验表明，我们不得不稍微降低目标和预期。

1.4　吸烟可能会损害你的隐私

假设有一个男人名叫罗杰（Roger），他于 1950 年在伦敦当医生，同时也是一名吸烟者。彼时，英国医生开展了吸烟有害健康的研究，该研究提供了令人信服的统计证据，证明吸烟与患肺癌风险增加有关。1951 年，理查德·多尔（Richard Doll）和奥斯汀·布拉德福德·希尔（Austin Bradford Hill）写信给了英国所有注册医生，请他们参加有关其身体健康和吸烟习惯的调查，三分之二的医生参加了调查。尽管这项研究将跟踪他们数十年，但到 1956 年为止，多尔和希尔已经发表了强有力的证据，证明吸烟与肺癌有关，也就是现在全世界都了解的事实：吸烟者患肺癌的风险增加。任何知道这个事实并且知道罗杰是吸烟者的人，现在都会产生罗杰患肺癌风险增加的推论。这种推论可能会使罗杰遭受真实的损失。例如，在美国，这可能导致他不得不支付更高的健康保险费，这就是一项可以精确计量的损失。

在这种情况下，罗杰作为数据分析的直接受影响者而遭受损失。我们是否应该得出结论，英国医生的研究侵犯了他的隐私？即使罗杰是拒绝参加调查并提供数据的三分之一的英国医生中的一位，罗杰还是会以同样的方式受到损失。吸烟导致肺癌的患病风险增加是真实的，有没有任何特定个人的私人数据的情况下都会被发现。换句话说，罗杰遭受的损失并不是因为有人识别了他个人的数据本身，而是因为这项研究揭示了一个关于吸烟的普遍事实。如果我们将其称为隐私侵犯，那么在尊重隐私的同时就不可能进行任何类型的数据分析，或者说不可能进行科学研究，甚至不能观察我们周围的世界。这是因为，我们能观察到的任何事实或相关事件，都可能改变我们对某个个体的看法，只要该个体存在和新的事实相关的因素。

那么，我们应该如何完善我们的目标，以达到保护罗杰数据特有的隐私的目的，同时又允许研究者发现有关世界的事实，虽然得到的事实仍然可能导致人们对罗杰的评价有所不同呢？我们的第一次尝试是宣布英国医生的研究侵犯了罗杰的隐私，这个过程可以视为将实际世界与从未进行过该研究的假想世界进行了比较。我们之所以宣称罗杰的隐私受到侵犯，是因为与现实世界相比，罗杰在假想世界中情况更好。这种隐私观点与托雷·达勒纽斯（Tore Dalenius）在 1977 年为统计数据库隐私的定义目标相一致：如果不访问数据集就无法得到有关个人的信息，也就不应从该数据集中得到有关个人的任何信息。但是，这种思想实验并没有深入到我们所希望明白隐私在这里的意义上——一种衡量使用罗杰数据可能导致罗杰遭受的伤害的方法。为了捕捉这种细微差别，我们可以假设一个稍微不同的思想实验。

假设有以下两个世界。在第一世界中，罗杰选择加入了英国医生开展的研究，因此，该研究包括了他的数据。在第二世界中，英国医生的研究仍在进行，但这次罗杰选择不参加，因此，在第二世界中，他的数据对结果没有影响。在这两种情况下，除了罗杰之外，其他所有人的参与都是固定的；这两个世界的唯一区别是研究中是否使用了罗杰的数据。如果我们可以向罗杰保证，使用他的数据进行研究不会比不使用他的数据情况更糟，那么我们可以称该研究是做到了隐私保护的么？换句话说，我们要求完善达勒纽斯的目标：从一个数据集中无法获取关于某个人的任何信息，且该数据集也无法从同一数据集中获取，除非已删除此人的数据。这种定义下仍然有望使罗杰不会因使用"他的数据"而受到损害，并且有可能允许进行诸如英国医生研究之类的有用科学。在这种情况下，由于发现了吸烟与肺癌之间的联系，罗杰的保险费率提高了，但是无论他是否选择参加这项研究，这项新的事实都会被发现。

1.5 隐私的差分概念

差分隐私是对隐私的严格衡量。引入差分隐私，仍然使我们能够从数据中获得有用的见解。差分隐私是前述想法的数学形式化，即我们应该比较从数据（无论是否包含某人的数据）中可提取内容的差异。该概念是由一组理论计算机科学家辛西娅·德沃克（Cynthia Dwork）、弗兰克·麦克谢里（Frank McSherry）、科比·尼西姆（Kobbi Nissim）和亚当·史密斯（Adam Smith）在 21 世纪初开发的。他们随后获得了著名的哥德尔奖。为了将差分隐私描述清楚，重要的一点是先了解什么是随机算法。

让我们从一个算法开始。请记住，这只是对如何将某个问题的输入进行处理以达到所需输出的精确描述。在前文中，我们看到了排序算法的示例。算法也可以将健康记录作为输入，并将它们映射到与之相关的一组特征上去。或者，算法可以将录像租借记录作为输入，并将其映射到每个客户的一组电影推荐上去。重要的是，算法需要精确地指定将输入映射到输出的过程。随机算法是一类允许使用随机化的算法。可以将随机算法视为这样的一种算法，它可以将投掷硬币作为其精确指定过程的一部分，然后根据硬币投掷的结果（正面或反面）做出决策。因此，随机算法是将输入映射到不同输出的概率分布上。在下一节中，我们将看到简单随机算法的具体示例。

将随机性引入算法具有多种多样且强大的用途，包括用于生成加密密钥，加快代数方程组的求解以及平衡分布式服务器集合上的负载。在差分隐私中使用随机性有另一个目的，即故意向计算添加噪声，以保证任何人的数据都不能从结果中进行逆向工程而得到。

差分隐私要求添加或删除单个人的数据记录时，不能有"过多"更改任何输出的概率（稍后将对这一概念进行解释）。即使在最坏的情况下，无论其他人提供了什么记录，或者添加或删除的数据有多异常，它都需要算法能够保证这一点。差分隐私是带有可调"旋钮"或参数的约束，可以将其视为对所需隐私保护程度的衡量。这个旋钮控制着一个人的数据可以改变多少结果的概率。例如，如果将隐私旋钮设置为 2.0，则差分隐私要求与使用包含罗杰数据运行的算法相比，使用相同数据集（仅仅删去罗杰数据）运行的算法的输出的可能差别不超过两倍[①]。

让我们思考一下为什么差分隐私的数学约束可以对应可能认为是隐私概念的事物。这里我们给出三种解释，但其实还有更多解释。

最基本的是，差分隐私保证了防止任意伤害的安全性。它可以保证，无论你使用的是什么数据，如果允许将数据包含在研究中，相较于不允许将数据包含在研究中，几乎不会发生任何你所担心因使用数据而发生的不利情况。从字面上看，这可以承诺所有你需要考虑的问题。如果你允许将数据纳入研究中，至少可以保证你在晚餐时接到讨厌的推销电话的可能性不会增加很多。它也保证，如果你允许将数据纳入研究中，你的健康保险费率提高的可能性不会增加很多。它肯定会保证识别出你的数据记录（如马萨诸塞州医院记录和网飞奖示例）的可能性不会增加太多。差分隐私承诺的优势在于，你担心的损失发生的可能性不会增加——差分隐私承诺使用任何个人数据造成的任何损害的风险不会增加很多。就像在 GWAS（基因组学）示例中那样，即使在没有数据可重新标识的设置中，也是很有意义的。

但是，如果隐私权是关于他人可以从个体身上了解到什么，而不是发生在个体身上的坏事，那该怎么办？差分隐私也可以解释为一种承诺，即由于该人的特定数据，任何外部

---

① 我们实际上是在描述隐私参数的指数，正如通常在数学文献中所定义的那样。若要与数学文献保持一致，如果更改罗杰的数据会导致事件发生的概率翻倍的话，我们会称隐私参数是 ln 2。

观察者都无法从任何人身上了解到很多东西，同时仍然允许观察者通过了解有关世界的一般事实来改变对特定个人的看法，如吸烟和肺癌是相关的。

为了澄清这一点，我们需要思考一下机器学习或者其他类似方式如何工作。贝叶斯统计框架提供了学习的数学形式化。学习者从对世界产生一些初步信念开始，每当他观察到某些东西时，都会改变对世界的信念。更新他的信念后，他对世界有了一套新的信念（后验信念）。差分隐私提供以下保证：对于数据集中的每个人，以及任何观察者，无论他们对世界的最初信念是什么，在观察到差分隐私计算的输出之后，他们对任何事物的后验信念，都将接近于他们在没有该个人数据的情况下运行相同计算的输出结果。同样，这里的"接近"由保密性参数或调节性参数控制。作为解释隐私保护的最后一种方法，假设某个外部观察者试图猜测某个特定的人（如丽贝卡）是否在感兴趣的数据集中，或者她的记录是否指明了某些特定疾病（如是否患有肺癌），可根据差分隐私计算的输出，允许观察者使用任意规则进行猜测。如果向观察者显示了包含丽贝卡数据的计算运行的输出，或者没有她的数据的相同计算运行的输出，则无法猜出哪一个输出比随机猜测更准确。

上述三种解释实际上只是查看同一保证的三种不同方式。但是，我们希望它们能说服你。它们已经说服了很多科学家：差分隐私是我们希望提供的最强大的个人隐私保证之一。我们不希望全面禁止任何实际使用数据（例如，不再进行有价值的研究，包括将吸烟与肺癌联系起来的英国医生的研究），主要问题是它是否太过强大以致带来了繁重的约束，例如，它是否与现代机器学习不兼容。正如下面我们将要探讨的那样，差分隐私和机器学习（以及许多其他类型的计算）之间存在一个相当令人满意的合作空间。

1.6 如何进行令人尴尬的民意调查

差分隐私向个人承诺了非常强大的保护功能。但是，如果在进行任何有用的数据分析时都无法实现，那将不会很有趣。幸运的是，事实并非如此。实际上，受差分隐私保护的任何类型的统计分析基本都可以进行。但是隐私并不是免费提供的，与没有隐私约束的研究相比，获得一个相同水平的准确性通常需要更多的数据。而且，设置隐私包含的严格程度越高,这种权衡就变得越严重。

要查看这样做的原因,就要考虑所有可能的统计分析中最简单的一个——计算平均值。假设我们想进行一次社会调查,以找出费城有多少男人有外遇。一种简单的方法是尝试从费城居民中随机抽取一定数量的男性,打电话给他们,并询问他们是否有外遇。我们将记录每个人提供的答案。收集完所有数据后,我们将其输入电子表格并计算回答的平均值,并可能计算一些伴随的统计数据(如置信区间和误差)。请注意,尽管我们想要的只是有关人口的统计数据,但我们很可能会收集到许多有关特定个人的隐私信息。我们的数据可能被窃取或作为离婚诉讼的证据。因此,人们自然而然会对参加社会调查心存疑虑,毕竟这意味着他们可能需要尴尬地向陌生人承认自己有外遇。

请考虑以下进行社会调查的替代方法。同样,我们将从费城人中随机抽取一定数量的男性(比之前需要的人数更多)。我们会打电话给他们,问他们是否有外遇。但是,这次不让他们直接回答我们的问题,而是给他们如下操作指示:掷硬币,但不要告诉我们结果。如果正面朝上,请诚实地告知是否有外遇。但是,如果硬币反面朝上,请告知一个随机的答案。再次掷硬币,如果正面朝上告知"是",如果反面朝上告知"否"。这个民意调查的协议是简单随机算法的一个示例。

当我们问人们是否曾经有外遇时,四分之三的情况他们会告诉我们真相(协议让他们告诉真相的情况是一半概率;而协议让他们做出随机回答的另一半可能情况里,他们只是碰巧告诉了我们正确的答案)。另外四分之一的情况里,他们告诉我们的是谎言。我们无法从谎言中提取出真正的答案。我们记录了他们给我们的答案,而且现在每个人的回答都有很高的可信度。如果一个丈夫因为在我们的调查中回答了"是"而在离婚诉讼中被作为证据使用,他可以合理地抗议,事实上他从未有过外遇,只是两次掷硬币先后得到了反面和正面,所以他被要求根据协议来回答"是"。的确,以这种方式收集记录时,没有人能确定任何单个人的真实数据是什么。

但是,从以这种方式收集的数据中,仍然可以获得对费城男性外遇比例的高度准确估计。关键是,尽管我们现在收集的单个答案看起来未必准确,但确切地知道了这些错误的产生方式,而可以进行反向工作以从总体上得到准确的结果。例如,假设费城有三分之一的男人曾有外遇,那么我们期望调查中有多少人回答"是"? 事实上,可以计算出这个比例,因为我们知道在四分之三的情况下人们都会如实回答。若接受调查的人中有三分之一的回答应该为"是",其中四分之三的人回答"是",占总人口的 $1/3 \times 3/4 = 1/4$。此外,若接受调查的人中有三分之二的人的真实答案是"否",其中四分之一的人会因为硬币投掷结果回答"是",总计 $2/3 \times 1/4 = 1/6$。在这种情况下,我们总共期望有 $1/4 + 1/6 = 5/12$

的人回答"是"，如图 1.1 所示。

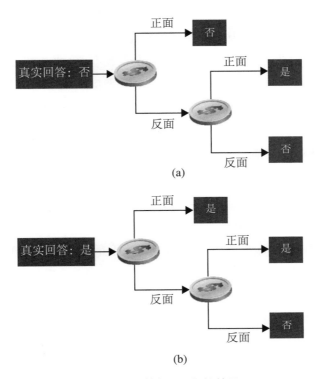

(a)

(b)

图 1.1　回答与硬币投掷结果

注：如果一个人的真实答案为"否"，则有三分之二的概率回答"否"；

如果一个人的真实答案为"是"，则有三分之一的概率回答"否"。

　　因为我们知道这一点，所以如果观察到被调查人口中有五分之二的人回答"是"，那么可以倒推得出约三分之一的费城男性有外遇。这对于观察到的任何其他此类问题都适用，因为知道引入随机因素的过程，所以可以反推出真实的有外遇的人口比例。这个过程是近似的，因为即使我们所调查的男人中有正好三分之一有外遇，这也只能知道，"平均"意义上有五分之二的人会回答"是"。实际比例将与五分之二略有偏差，这是因为掷硬币的结果有随机性。但是，现在是对大规模样本进行平均值计算，因此它将随着我们调查的人数越多而越准确。这与掷硬币时看到的效果完全相同。如果我们掷十枚硬币，希望看到的正面总数可能会明显偏离 50%。但是，如果我们掷出一万枚硬币，我们期望正面的比例确实能达到一半。以完全相同的方式，将越来越多的人纳入调查范围，则可以将为了隐私保护而添加的随机性所引入的误差缩小为零。这是统计学中所谓的"大数定律"的一个实例。

　　尽管此调查协议很简单，结果却是惊人的。我们能够了解所想要的内容，而不必收集任何单个个体的真实信息。该方法跳过了收集个体真实信息的步骤，直接收集所需的汇总信息。

我们以上描述的随机轮询协议并不是新概念，它也被称为随机化回答，可以追溯到 1965 年，即引入差分隐私的几十年之前。但是事实证明，该协议满足了 3-差分隐私。也就是说，在这种隐私保证中，参与调查的个体担心的任何不良事件最多可能是 3 倍[①]。不过，这里的数字 3 没有什么特别意义。通过降低协议要求人们讲真话的概率，可以使协议更加私密；通过增加讲真话的概率，可以减少协议的私密性。这使我们可以对参数进行量化管理，我们制定协议的私密性越高，参与调查的个人提供信息的可信度就越高，而我们从每次调查中获得的信息也就越少。另一方面，隐私参数越小，反向推理（从调查结果中"是"的比例映射到有外遇者的实际比例）的工作过程就越容易出错。因此，要获得相同的准确性，隐私参数越小，我们需要调查的人数就越多。

计算平均值是一类最简单的统计分析，但这绝不是可以使用差分隐私进行的唯一分析。差分隐私的最大优势在于它具有构建性，这意味着当运行多个差分隐私分析时，它不会破坏 k-匿名性。如果有两个差分隐私算法，你可以同时运行它们，结果仍然是差分隐私的。你可以将其中一个的输出作为另一个的输入，结果仍然是差分隐私的。这非常有用，因为它意味着你可以通过将简单的差分隐私模块拼接在一起来构建出更复杂的算法。如果我们需要重新思考每个新算法的隐私属性，那将是一个非常麻烦的过程；而且如果算法又长又复杂，那将是一个极其复杂的问题。

幸运的是，我们可以对简单组件的隐私保证进行论证，例如计算平均值。然后，我们可以通过以各种方式将这些简单组件黏合在一起来设计复杂的算法，并确保仍然满足差分隐私。就像标准的普通算法设计一样，这使隐私算法的设计模块化。因此，我们可以从计算平均值到对数据集执行一些优化操作，然后再进行神经网络的隐私保护的训练。作为一般经验法则，可以将任意统计分析或优化（其成功是针对基础概率分布定义的，而不是针对任何特定数据集）进行差分隐私化，尽管这一过程通常需要增加更多数据。

---

① 使用标准描述，应该称为 ln 3 差分隐私，其中 ln 是自然对数。

1.7　你相信谁？

随机化回答实际上比差分隐私所受到的约束更多。差分隐私只要求对于是否使用个人数据计算出的输出，没有人能够比随机猜测猜得更准。在我们的民意调查示例中，计算的自然输出是计算的最终平均值——费城男性外遇的估计比例。但是随机化回答不仅承诺最终平均值是受差分隐私保护的，而且整个收集的记录集也是如此。换句话说，即使我们发布了民意调查员收集的所有原始数据，而不仅仅是最终平均值，随机化回答方案也能保证满足差分隐私。这个方案不仅保证了对于外部观察者的差分隐私，还保证了来自内部民意调查员的差分隐私。

如果我们只想要外部观察者的差分隐私（相信内部民意调查员不会泄露原始数据），那么民意调查员可以通过标准方式进行民意调查，并且只在具体发布的最终平均值上增加干扰。这种方法的好处是所需要的干扰要少得多。在随机化回答中，每个人都单独添加了足够的干扰来掩盖他或她的真实数据点，所以当对所有提供的数据进行平均时，总体增加了比我们真正需要的多得多的干扰。如果我们相信民意调查员的数据是真实的，就可以汇总数据，然后添加足够的干扰来掩盖某个个体的数据贡献。这样可得到更准确的估计，当然它不是没有代价的：如果民意调查员的原始记录被法院传唤调阅，它就无法为个人隐私提供更有力的安全保证。

我们是否想要这种更有力的保证（以及是否值得对错误率进行权衡），取决于我们对世界的认知。我们认为谁会试图侵犯我们的隐私？差分隐私的标准保证的假设前提是分析数据的算法由受信任的管理员来运行，也就是说，我们相信算法（以及任何有权访问者）只会对数据做它应该做的事情。算法和管理员是添加隐私保护的人，我们相信他们会这样做。因为存在受信任的管理员可以在添加隐私之前聚合所有"原始的"数据，有时我们称之为差分隐私的集中式模型。

相反，随机化回答方案是在差分隐私的本地或分散模型中运行的，而这里没有值得信赖的数据管理员。个人数据在移交之前以数据扰动的形式在本地添加自己的隐私保护。这就是随机化回答调查方法中发生的情况：每个人抛掷自己的硬币，然后向民意调查员给出随机化回答，而民意调查员永远不知道真正的答案。思考集中式与本地差分隐私的另一种有启发性的方式是将隐私添加在"服务器"端（集中式）还是"客户"端（本地）。

在许多方面，决定你想要使用哪种信任模型比设置算法的定量隐私参数更重要，但也不能完全孤立地做出这两个决定。由于本地模型中的差分隐私提供了更强的保证，因此选择它具有可观的成本也就不足为奇了。通常，对于固定的隐私参数，在本地模型中满足差分隐私将导致它在集中式模型中更不准确的分析。或者综合考虑这种权衡，对于固定的精度要求，选择本地模型需要比集中式模型更多的数据或者更差的隐私参数。这些事实在推进迄今为止差分隐私的 3 个最重要的部署应用方面发挥了重要作用。

1.8 走出实验室，走进野外

谷歌和苹果这两家公司都实施了差分隐私的大规模商业部署应用。2014 年，谷歌公司在其安全博客中宣布，其 Chrome 浏览器已开始采用差分隐私的方式来收集用户计算机上恶意软件使用情况的统计信息。苹果公司在 2016 年宣布，iPhone 将开始采用差分隐私收集用户使用手机情况的统计信息。这两个大型商业部署有很多共同点。首先，谷歌公司和苹果公司都决定采用本地信任模型，它们的算法基于类似随机化回答的方法。这意味着谷歌公司和苹果公司永远不会直接收集相关的隐私数据。相反，用户的 iPhone 手机正在模拟投掷硬币以运行随机化回答协议，并且仅将生成的随机输出发送给苹果公司。其次，这两种商业部署都是用来收集两家公司以前根本没有收集过的数据，而不是在之前已经可以使用的数据集之上实施差分隐私保护。

对于谷歌公司和苹果公司而言，采用本地隐私模型的权衡是很有意义的。首先，两家公司都不一定受到其用户的信任。无论用户对公司本身有什么看法，都存在通过黑客或传票将公司存储在其服务器上的数据泄露给他人的真实风险。例如，2013 年，爱德华·斯诺登（Edward Snowden）发布了数千份文件，揭示了美国国家安全局（National Security Agency，NSA）使用的情报收集技术。其中披露的内容显示，美国国家安全局一直在监听谷歌公司（和雅虎公司）数据中心之间流动的通信，而谷歌公司却不知情。自那时以来，各大公司都对自身的安全性进行了加强，但是无论是否停止秘密数据的非正常泄露，仍然有大量数据会通过正常法律程序被政府部门收集。谷歌公司报告称，从 2016 年 7 月开始的一年内，政府当局要求他们提供超过 15.7 万个用户的数据。谷歌公司回应了其中大约

65%的请求，生成并提供了相应数据。对于这些情况，集中化模型中的差分隐私保护没有起到任何作用。只要谷歌公司和苹果公司拥有客户数据，它们就可以通过非隐私保护的渠道发布。

另一方面，在差分隐私的本地模型中，谷歌和苹果等公司永远不必直接收集私人数据。相反，它们扮演了在之前的费城示例中的民意调查员角色，仅记录了用户的带干扰的响应数据。民意调查员可能会将其电子表格泄露给闯入计算机的黑客，但该电子表格并不包含有关任何特定人员的具体信息。负责离婚诉讼案的律师可能会通过法院传票来查阅他的委托人的丈夫回答民意调查员问题的记录，但得到的答复并不能告诉律师任何有价值的信息。当然，我们已经看到，要达到这种强大"传票无效"类型的隐私保护是有代价的：要准确了解整个人口的统计数据，你需要收集规模巨大的数据。但是，谷歌公司和苹果公司都处于做出这种权衡的有利位置。谷歌公司有超过十亿的 Chrome 活跃用户，而苹果公司已经售出了十亿多部 iPhone 手机。

值得注意的是，谷歌公司和苹果公司都将差分隐私应用于他们之前未收集的数据，而不是已存在的可用数据源。对于已经拥有可用数据的工程师来说，添加隐私保护可能是一项艰巨的任务。要求隐私保护几乎意味着数据质量的真实性和可衡量性的降低，而这种以降低质量换取到的风险降低又常常让人感觉效果并不明显。因此，很难说服工程团队放弃访问他们已经拥有的原始数据源。但是，如果将差分隐私方案作为一种访问新数据源的方式（由于隐私问题，以前根本没有收集过数据），那就完全是另一回事了。按照这样的应用场景，差分隐私成为获取更多数据的一种方式，而不是为了隐私保护使得现有数据分析质量下降的额外工作。这就是在谷歌公司和苹果公司都曾发生的事情。

差分隐私的第三个大规模部署与谷歌和苹果的应用情况形成了有趣的对比。2017 年9 月，美国人口普查局宣布，在 2020 年人口普查的工作中，所有统计分析发布都将受到差分隐私保护。与大型商业公司的部署相比，人口普查局将使用差分隐私的集中式模型进行操作，准确地收集数据（如既往人工普查一样），然后在公开发布的汇总统计信息中添加隐私保护。此外，不同之处还有，这个部署并没有让人口普查局访问新的数据源。美国宪法规定了每十年进行一次人口普查，第一次人口普查是在 1790 年进行的。

那么，为什么人口普查局要决定采用差分隐私呢？为何它会为了得到更高的准确率，而选择较弱的集中式信任模型（无法抵御传票、黑客等行为）呢？

第一个问题的答案是，人口普查局在法律上有义务采取措施保护个人隐私。例如，所有人口普查局的雇员都会宣誓保密，并宣誓终生保护所有可以识别个人身份的信息。所以，并没有明文公开个人信息的可能。保护个人隐私是必须的，唯一的问题是应该使用什么样的隐私保护措施。替代方案不是不对隐私信息做任何事情，而是继续采用先前普查的传统方法。然而，传统方法没有关于隐私的硬性承诺，也难以量化对数据准确性的影响。除了差分隐私以外，没有其他技术可以提供类似原理，可以在正式隐私保证的同时又保留了估计总体统计数据的能力。

关于采用集中式模型的第二个问题的答案是，法律保护使人口普查局声称自己是受信任的管理员，而不是谷歌公司或苹果公司。根据法律，人口普查局不能共享个人数据记录，比如某个人对 2020 年人口普查中问题的回答，这些信息哪怕是其他任何政府机构（包括美国国税局、美国联邦调查局或美国中央情报局）也都不能共享。

1.9 差异隐私不承诺什么

差分隐私不承诺的内容从本质上讲，差分隐私旨在保护单个数据记录中保存的秘密，同时允许计算汇总统计信息。但是，群体记录中也会隐藏着一些秘密。差分隐私不会保护这些。

运动社交软件 Strava 就是一个很好的例子。它允许用户将数据从 Fitbit 运动智能手环等设备上传到他们的网站，以便跟踪用户活动历史记录和位置。2017 年 11 月，Strava 软件发布了其用户总体活动的可视化数据，其中包括超过 3 万亿个上传的 GPS 坐标。这使你可以看到很多有趣的内容，如几乎每个主要城市的热门跑步路线。但是，全球很多地区在该地图上几乎没有信息显示，如叙利亚、索马里和阿富汗等贫穷和饱受战争影响的地区。生活在这些地方的大多数人没有 Fitbit 运动智能手环或不使用 Strava 软件。

但是，这些地区也有明显的例外——美国军事人员。美国军方鼓励其士兵使用 Fitbit 运动智能手环，而且他们确实也在使用。Strava 软件按照它的设计目的，通过统计合并显示出这些地区中最受欢迎的慢跑路线。但是事实证明，阿富汗赫尔曼德省最受欢迎的慢跑路线就是在美军的军事基地上。Strava 软件显示出美军的多个军事基地的位置实际上是不能公开的。Strava 数据暴露了敏感的国家机密，虽然它并没有显示任何个人的隐私。诸如 Strava 位置热图之类的数据可以采用差分隐私保护机制，但这只能保证如果某个士兵决定不使用他的 Fitbit 运动智能手环时，位置热图几乎不变。它不能保证士兵们在军事基地上的群体行为能够被隐藏。值得注意的是，差分隐私确实可以保护小团体的数据，尤其是一个可以保证个人 3-差分隐私的算法，也可以为 k 个人的数据集提供 3^k-

差分隐私保证。但是如果 k 值很大，比如相当于整排士兵的数量，这个保证将不太有意义。

事实上，如果人们可以从公开可用的数据中推断出一些个人隐私，那么差分隐私也无法保护这些你认为的个人隐私，而且这通常是个人无法预料的。请记住，通过设计，差分隐私可以保护你免受观察者基于数据而专门学习后果的影响，但不能保护你免受攻击者使用公开的常识和数据推断出的后果的影响。因此，差分隐私可以阻止观察者推断出罗杰因参与了英国医生的研究而可能患有肺癌，但这并不能阻止我们知道吸烟是肺癌的重要预测因素。由该结论可知，如果罗杰是吸烟者（从其他途径获知），那么就能预测出他患肺癌的风险提升。总的来说，这是一件好事，差分隐私使我们仍然能够了解世界并进行科学研究，同时能够有意义地保护个人隐私。

世界充满了奇特的相关性，并且随着机器学习功能的增强和数据源的多样化，我们能够了解关于世界的事实越来越多。这也使我们可以推断出有关许多个人希望保持私密性的信息。在英国医生调查的简单示例中，如果只有罗杰提前知道研究的结论，那么他本可以设法不公开自己吸烟的习惯。但是他怎么会提前知道呢？同样的情况，我们若公开了关于自己的各种看似无害的信息，则他人可能借此进行大量令人惊讶的推断。

例如，脸书提供了许多选项，允许用户在自己的脸书个人资料中隐藏或显示有关自己的信息。只要用户愿意，可以决定不在个人公开资料上显示自己的性取向、婚姻状况和年龄。这给用户一种控制感。但是默认情况下，脸书会公开我们"喜欢"哪些页面。例如，你可能喜欢浏览电视脱口秀节目《科尔伯特报告》(《The Colbert Report》)、炸薯条和凯蒂猫(Hello Kitty)的页面。这些在脸书上的用户个人资料中看似并不重要的公开数据，已经提供了可以与许多用户隐私内容相关联的统计手段。2013 年，剑桥大学研究表明，可以挖掘这些数据流，发现相关性，从而将人们看似无害的"喜好"准确地映射到他们可能希望保持私密的属性上。研究人员可以根据用户的"喜好"来推断用户的性别、政治隶属关系（共和党或民主党）、性取向、宗教信仰、婚姻状况、是否抽烟和饮酒，甚至可以推断出用户的父母在用户 21 岁之前是否离异。所有的这些推断在统计意义上都有很高的准确度。这些信息都是用户可能想保密的东西，或者至少不希望在互联网上公开发布，供任何人查看。但是，用户可能并不知道，也不会因为担心泄露隐私而隐藏自己是否喜欢炸薯条等相关信息。

在 2010 年类似的研究中，一家名为 Hunch 的机器学习创业公司发布了一个名为推特预测游戏(Twitter Predictor Game)的演示。演示的过程很简单，用户输入自己的推特账号，然后，它自动搜索推特网络和相关页面以收集一些简单数据，包括用户关注的人和关注用户的人，如图 1.2 所示。再之后，询问用户一系列私人问题，推特预测游戏会根据这些看似无害的数据而猜出答案。这些问题是用户从未在推特上发布过的，因此系统之前并没有获取过直接信息。这种情况下，它可以很准确地猜测出以下问题的答案：是否拥有经纪账户、是否收听广播脱口秀节目、多久用一次香水、是否曾经通过电视购物购买过东西、更加喜欢《星球大战》还是《星际迷航》、是否曾经写过日记。

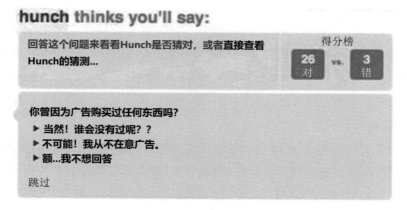

图 1.2   推特预测游戏界面

注：游戏会向用户提出各种各样的问题，然后根据用户推特上关注者的情况来预测用户的答案。

推特预测游戏有令人震惊的准确率，它正确地预测了用户大约 85% 的回答。请注意，推特预测游戏并不是利用用户的隐私数据来回答这些问题，因为用户从未允许它访问能够明确回答这些问题的数据。事实上，根本就没有用户明确回答这些问题的数据。相反，系统只查看用户公开的数据（用户推特的关注列表），并从掌握的有关整个群体的信息中得出推论。这种技术正在大规模地在社会科学研究中应用，通过设计来了解世界。差分隐私无法保护用户免受他人进行此类的推断。

以上两个例子是现代版的"英国医生调查"，即知道吸烟会增加人患肺癌的风险之后，可以推断已知吸烟者患肺癌的风险较高。更进一步的是，随着机器学习变得越来越强大，我们能够发现越来越复杂和不明显的关联。每个人在使用互联网浏览网页、购买商品、点击网页链接、对帖子点赞时都不断产生数字化数据。这些看似无用的数据能够出奇准确地预测出我们可能很不希望他人知道的隐私信息。差分隐私无法保护我们免受此类技术的影响，因为无论我们的数据是否被使用，它们都可以通过依赖于数据之间的关联而被用于预测。大规模机器学习可以发现关于世界的事实和规律，进而推断出个人的信息。而且，这可能是无法避免的，只要允许人们研究世界并得出结论，此类隐私风险将始终存在。除了隐藏所有数据并完全停止此类研究外，没有任何方法可以阻止它。

让我们以另外一个事例来结束本章。该事例很好地展示了有时候"有关世界的事实"

和"有关你的事实"会纠缠在一起。你的 DNA 代表一些和你有关的最敏感信息。实际上，它编码了你的身份：你的容貌，你的祖先来自何处，以及你有可能患有或易患的疾病。它也可以用作法医证据，来确定你是否曾在犯罪现场出现，从而作为法庭上的物证。但是，你的 DNA 并不是孤立的，你与父母、孩子、兄弟姐妹以及家谱上下的所有亲戚共享了很多 DNA 数据组成。因此，尽管我们将你的 DNA 视为你的数据，你可以自由决定公开或保密相关内容，但是，你对你的 DNA 所做的一切也会影响其他人。例如，如果某人涉嫌犯罪并且案件正在被警察调查，那么他曾将自己的 DNA 数据上传到可公开搜索的数据库中就相当于自投罗网，因为警察会将犯罪现场的样本与公共数据库记录进行匹配从而确定嫌疑人并进行逮捕。某人可以不上传自己的 DNA 数据，却无法阻止他的亲戚们上传并公开他们的 DNA 数据。

这就是臭名昭著的金州杀手（Golden State Killer）在 2018 年被捕的原因。他在 1976 年至 1986 年间与 50 多起强奸案和 12 起谋杀案有关，留下了大量 DNA 证据。但由于他的 DNA 信息不在任何执法数据库中，多年过去，警察一直找不到他。但是，时代变了，执法数据库不再是唯一的 DNA 查询方法。从 2005 年左右开始，人们开始自愿将自己的 DNA 信息上传到互联网上的公共数据库中，以了解有关其家庭历史的更多信息。例如，在 2011 年，两名志愿者开设了一个名为 GEDmatch 的网站，用户可以使用该网站上传他们使用 23andMe 等商业网站生成的 DNA 信息。GEDmatch 提供服务功能，让用户可以搜索部分匹配项，通常是用来找到自己的远亲，链接出自己的家谱。但是，除了本人外，任何人都可以通过搜索查看 DNA 信息。仍在调查"金州杀手"的警方在 GEDmatch 网站上传了从犯罪现场得到的 DNA 样本，希望找到匹配的对象。警方做到了，"金州杀手"本人并没有上传自己的 DNA 信息，但他的许多亲戚已经上传了自己的 DNA 信息。警方从他们的家谱中找到了若干可能的犯罪嫌疑人，最终将时年 72 岁的约瑟夫·詹姆斯·迪安杰洛（Joseph James DeAngelo）逮捕归案。"金州杀手"被捕后，由于 GEDmatch 网站上的 DNA 数据对案件侦破起到了作用，该网站向用户发布了如图 1.3 所示的消息。

"金州杀手"案牵出了许多艰巨的隐私挑战，因为基因数据让我们本认为是个人权利的两个相关事情变得更清晰起来：用"我们自己的"数据做我们喜欢做的事情的自主权，以及控制我们"私人"数据的能力。因为，你的 DNA 不仅包含有关你的信息，而且还包含有关你的亲戚的信息，所以这两件事是矛盾的，即你的"私人"数据并不总是"你自己的"。正如纽约大学法学教授艾琳·墨菲（Erin Murphy）对《纽约时报》所说："如果你的兄弟姐妹、父母或孩子在网上参与这项活动，那么他们将一代接一代地损害你整个家族的隐私。"因此，这与差分隐私预防隐私威胁的宗旨背离。差分隐私控制着用户在允许使用个人数据时可以了解到的东西，与不使用数据时可以了解到的东西之间的差异。因此在 DNA

方面，几乎没办法保密数据。这可能是因为，以遗传数据库为例，即使你确实对自己的 DNA 信息保密，但若一些亲戚将他们的 DNA 信息上传，你的 DNA 信息也会被透露很多。这种关于用户自己个体行为的效果如何影响其他人的的推理是博弈论的主题，也是本书第 3 章的主题。由于差分隐私基于相同的基本思想，因此差分隐私的工具在博弈论中也很有用就不足为奇了。

[GED match]® Tools for DNA & Genealogy Research

我们了解到，GEDmatch数据库被用来帮助确认"金州杀手"。虽然我们没有直接与执法部门或任何人就此案和该DNA进行过接洽,但是GEDmatch向用户告知的政策里曾说明DNA数据可能用于其他用途(https://www.gedmatch.com/policy.php)。该数据库是为了家谱研究创建的,但是GEDmatch参与者需要了解他们的DNA可能会被用于其他方面，包括确认犯罪嫌疑人的身份。如果您担心自己的DNA会被用于非家谱研究的其他用途,您应该避免上传您的DNA到数据库或删除您已经上传过的DNA。如果您需要删除您在网站上的注册信息，请联系gedmatch@gmail.com。

图 1.3 "金州杀手"被捕后 GEDmatch 网站向用户发布的消息

2 算法公平：从均势到帕累托

2.1 类比带来的偏见

如果你曾在美国读高中，可能记得让人或喜爱或厌恶的一类标准化测试。这类测试的主要内容是单词类比推理类问题的选择题。这些问题要求人们思考诸如"跑步者相对于马拉松"这样一对单词之间的关系，相当于"划桨手相对于帆船赛"之间的关系，而不是相当于"烈士相对于屠杀"之间的关系。这类语言测试题自 2005 年起从 SAT 考试中消失了，部分原因是担心它们偏向某些社会经济群体，例如，那些对帆船赛了解甚多的人。但或许因为大部分人都厌恶这种测试，所以单词类比推理类问题和其中存在的文化偏见似乎已经被忘却十多年了。

但是，这个问题在 2016 年的新场景中重新引起人们的关注。当时，一组计算机科学研究人员对谷歌公开可用的"单词嵌入"模型进行了基于单词类比的精细测试。单词嵌入背后的想法是获取大量的文本，并计算文本中所谓"单词共现"的统计信息（如图 2.1 所示）。例如，在一段文本或句子中，"四分卫"和"橄榄球"这一对单词比"四分卫"和"量子"这一对单词给人感觉联系更加紧密。然后，将这些成对的共现统计信息输入到一个算法中，该算法尝试将每个单词定位（或嵌入）在二维、三维或更高维的空间中，以使得单词对之间的距离大致反映其共现统计频率。从这个意义上说，更"相似"的词（完全由其在文本中的经验用法所反映）将彼此相邻。

建立大规模的单词嵌入是数据收集、统计和算法设计中的一项训练。也就是说，这是一个机器学习项目。谷歌的"Word2vec"（Word to vector，"单词到向量"）嵌入是同类中最著名的开源模型之一，在谷歌提供的许多以语言为中心的服务中有多种用途。例如，当"bike"在靠近"山地车"时可能是"自行车"之义，而在靠近"哈雷-戴维森"（Harley-David-son，一个摩托车品牌）时可能是"摩托车"之义。

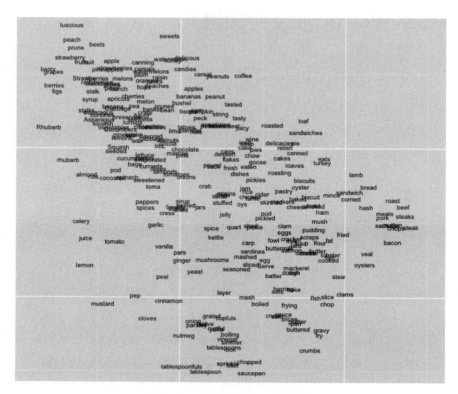

图 2.1　一组单词嵌入二维空间

　　2016 年的这项研究工作的出发点可以追溯到 20 世纪 70 年代的观察结果，如果我们将单词很好地嵌入二维空间，那么单词之间的类比关系应该可以大致对应于平行四边形的形状。因此，如果"男人"相对于"国王"如同"女人"相对于"王后"，那么单词嵌入中与这些词相对应的 4 个点应定义两组平行的边，即"男人—女人"和"国王—王后"，"国王—男人"和"王后—女人"。

　　我们可以使用这种观察来"解决"类比问题中的缺失词。如果提出"'跑步者'相对于'马拉松'，相当于'划桨手'相对于什么"形式的问题，则 3 个指定的单词"跑步者""马拉松""划桨手"）在单词嵌入中定义了平行四边形的 3 个角，进而可以确定第 4 个角在单词空间中的位置。通过查看最接近该缺失角所在位置的单词，我们找到了"帆船赛"（单词嵌入"认定"其为该类比的最佳补充）。如图 2.2 所示。

　　研究团队本可以将研究工作止步于此项技术，并使用它进行测试，来观察 Word2vec 在 20 世纪 90 年代的 SAT 测试中表现如何。但是，就像对人类行为的研究一样，有时算法和模型的失败远比其成功更为有用和有趣。因此，研究人员有意地将所研究的类比单词限制为"男人是 X，如同女人是 Y"的形式，其中指定了 X（给出了所需的 3 个角），但没有

指定 Y（缺少一个角）。"男人是计算机程序员，如同女人是什么？"换句话说，他们专门针对性别的特征对 Word2vec 进行了测试。

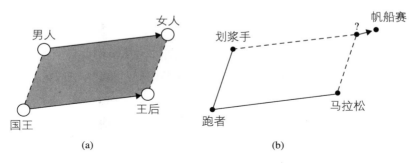

图 2.2　单词类比的平行四边形结构

　　测试的结果是戏剧性的，证明了 Word2vec 犯有严重的性别歧视和偏见错误。上面给出的示例的结果，成为研究论文的标题："男人是计算机程序员，如同女人是家庭主妇？"该论文记录了测试的完整过程，说明 Word2vec 反映并可能放大了用于训练它的原始文档中已经存在的偏见。在图 2.3 中复制的单词嵌入的小规模样本中，甚至可以一眼看出这种形式的类比。例如，似乎"女士"相对于"耳环"，就如同"侄子"相对于"天才"。从语言上讲，可能并没有什么问题，但仍然能感觉到性别歧视：女性与饰品相关，而男性则与才智相关。虽然单词类比似乎有些冷僻，但重要的是，单词嵌入会被用作更复杂的学习算法的基本构建块。当单词嵌入和其他有偏见的模型用作更重要的应用程序中的组件时，则可

图 2.3　嵌入单词表现出性别偏见

能产生更严重的性别歧视和公平性问题。

事实上也是如此。在 2018 年末，亚马逊公司在构建用于评估软件工程职位候选人履历的机器学习模型时，发现了类似的问题。研究者发现其算法明确地对包含"女性"一词的简历进行降分评价，如"女子国际象棋队长"，以及列出两所特定的女子大学名称的所有评价分数很低的候选人。亚马逊公司最终解散了从事该项目的团队，但在这之前已经造成了一定范围的损害。至少对亚马逊公司而言，这种以隐含方式进行的歧视性招聘，对于公司形象有着负面的影响。

研究单词嵌入的论文作者及其讨论者都不认为 Word2vec 的性别歧视是来自谷歌某些程序员本身的性别歧视，不具代表性或存在损坏的数据同样也不是编程错误的结果。而且，我们也没有理由怀疑亚马逊公司招聘工具中存在的偏见是恶意设计的结果。这些解释中的任何一个原因都可能比事实更让人放心。事实情况是，只要专业的科学家和工程师仔细、严格地将有原则的机器学习方法应用于庞大而复杂的数据集，那么这种偏见的存在就是自然而然的必然结果。

这里的问题是，机器学习应用程序中使用的训练数据通常可以包含各种隐含的（或相对不明显的）偏见。从此类数据构建复杂模型的行为既可以放大这些偏见，又可以引入新的偏见。正如我们在引言中讨论的那样，如果不做额外明确要求，机器学习不会"自动"提供诸如性别中立之类的原则。因此，即使用于创建单词嵌入的文档中只有很少的文档表现出一定的性别歧视（当然，可能也没有任何文档实际上会说明"家庭主妇"类比于男性，而"计算机程序员"的类比于女性），但当贯穿在整个数据集中的微小的语言偏见汇聚在一起被压缩为单词类比的预测模型时，会导致明显的性别偏见。并且，当这些模型成为诸如搜索引擎、目标广告和招聘工具之类的广泛部署的服务的基础时，这种偏见可以通过其覆盖范围和规模进一步传播甚至放大。这是机器学习推动的复杂反馈循环的一个示例，我们将在第 4 章中做进一步的研究。

单词嵌入带来的偏见论文理应受到学术界和媒体的广泛关注。但这只是越来越多的案例中的之一。在这些案例中，算法（最典型的是基于机器学习从数据中得出的模型的算法）表现出明显的基于性别、种族、年龄以及其他许多方面不确定因素和因素组合的偏见和歧视。尽管我们看到的在搜索结果或广告中的偏见似乎（可能是不正确的）相对而言风险较低，但同样明显的问题也出现在相应的领域，例如刑事判决、消费者贷款、大学录取和工作招聘等。

正如我们在引言中所说的，本章中发现的许多问题已经在其他地方进行了广泛的讨论。我们特别关注的重点是机器学习特有问题的各个方面，尤其是潜在的解决方案。这些解决方案本身就是算法，并且具有牢固的科学基础。的确，尽管单词嵌入论文的主标题表达了对被揭示的问题的震惊，但它的副标题更为乐观——"消除单词嵌入的偏见"。这篇论文揭示了一个严重的问题，但同时提出了一种可以避免或减少这类问题的构建模型的基本算法。该算法再次使用了机器学习功能，但这一次是区分了有固有性别特征的单词和短语（如"国王"和"王后"）和没有固有性别特征的单词和短语（如"计算机程序员"）。通过进行这种区分，该算法可以"减去"和非性别单词相关的数据中的偏差，从而减少一些类比情况，例如论文主标题中的相似性类比。同时，仍保留"正确"的类比，例如"男人是国王，如同女人是王后"。

算法（和人为）偏见和歧视的科学概念是本章的研究主题。如何检测和衡量它们，如何设计更公平的算法解决方案，以及为获得公平可能会给预测的准确性和其他重要目标造成怎样的影响，这些问题和我们研究差分隐私的代价一样。我们将最终展示如何以所谓的帕累托（Pareto Curves）曲线的形式量化此类代价，该曲线指向了公平性和准确性之间的理论和经验上的折衷意见。

但是最终，科学只能将我们带到这一步。人类的判断和规范将始终起着至关重要的作用，即选择我们希望社会位于帕累托曲线上的哪个位置，以及确定我们应优先实施哪些公平概念。好的算法设计可以提供解决方案的菜单，但是人们仍然必须自行选择其中一项。

2.2　学习关于你的一切

在机器学习中，单词嵌入是所谓的无监督学习的一个示例，我们的目标不是针对某些特定的预定结果做出决策或预测，而只是在大型数据集中查找并可视化结构（此处指文本中蕴含的单词相似性）。监督学习是一种更为常见的机器学习类型，在这种情况下，我们希望使用数据进行特定的预测，然后通过观察事实来验证或反驳这些预测。例如，使用之前的气象数据来预测明天是否会下雨。能指导我们学习的"监督"是第二天是否下雨获得的反馈。和这个例子一样，在机器学习和统计建模的大部分历史中，许多应用程序都专注于对自然或其他大型系统进行预测——预测明天的天气，预测股市的涨跌（以及涨跌的方式），预测高峰时段道路上的拥堵情况等。即使人类是要建模的系统的一部分，重点仍然是预测总体的集体行为。

从 20 世纪 90 年代开始,互联网用户的爆炸性增长及其产生的庞大数据集使得机器学习的应用方式得到了极大的扩展。随着用户开始通过谷歌搜索、亚马逊购物、脸书加好友和点赞、GPS 定位等数不尽的方式,留下越来越长的数字足迹,现在巨大的数据集不仅仅可以通过编译来为大型系统建模,也可以为特定人员建模。机器学习现在已经从对集体的预测转变为对个人的预测。一旦预测可以个性化,歧视也可以同样做到个性化。虽然诸如 Word2vec 之类的总体使用语言得到的抽象模型被证明存在性别歧视,但很难断言它让任何特定女性个体比其他女性受到更大的伤害。但是,当机器学习变得个性化时,预测错误可能会对特定个体造成真正的伤害。机器学习被广泛用于对特定人群做出决策的领域,从看似无足轻重的功能(在谷歌上向你展示个性化广告,在网飞上展示你可能会喜欢的视频内容)到可能产生严重的后果(你的抵押贷款申请是否能获得批准,你是否能进入你申请的大学,你可能将受到什么样的刑事处罚等)。就像我们将看到的那样,在任何应用机器学习的地方,歧视和偏见的可能性都是真实存在的。这常常是机器学习本身潜在的科学方法造成的。解决这一问题将需要修改科学原理和算法,而这需要付出相应的代价。

2.3　你的向量就是你

为了更深入地研究公平性的算法概念,我们需要更详细地考虑监督学习的标准框架。在这里的框架中,数据点对应于特定的人类个体的信息。这些信息包含的具体内容,将取决于我们所希望学习的模型做出的决策或预测,但是通常我们会认为该信息被抽象为与任务有关的属性(有时称为属性或特征)的列表 x(技术上称之为向量)。例如,若我们试图预测大学申请者如果被录取了,是否会顺利毕业(关于"顺利毕业"有具体、可验证的定义,例如五年内可以以大于 3.0 的绩点毕业),则申请者凯特(Kate)的向量 x 可能包括以下内容:她的高中成绩绩点、她的 SAT 或 ACT 分数、她在申请中列出多少项课外活动、招生人员对她的申请论文给出的评分等。相反,如果我们试图决定是否向凯特提供大学贷款,我们可能会需要包括上述所有信息(因为她能否顺利毕业可能会影响她偿还贷款的能力或意愿)以及有关她父母的收入、信用情况和工作经历等信息。在这两种情况下,监督学习的目标都是建立一个模型,该模型目标是使用向量 x(此处为凯特的相关信息),基于相同的"历史"数据$<x,y>$表格（在这种情况下，是过去的大学申请者以及他们是否顺利毕业）做出预测y（例如，凯特在大学是否会成功）。我们稍后将回到一个重要的事实，即大学只为过去被录取的学生而不是被拒绝的学生学习y的结果，因此大学自己的决定会影响并有可能使所收集的数据产生偏差。

应注意，凯特的父母的财务状况并不能等同于有关凯特的信息，但这似乎仍然与贷款预测任务有关，尤其是如果凯特的父母将成为贷款的共同委托人就更加相关了。类似这个示例，关于机器学习公平性的许多争论都围绕着这样一个问题：在给定的预测任务中"应该"使用哪些信息进行预测。也许最长期和最有争议的争论就是关于种族、性别和年龄等属性是否应该包含在模型中。人们无法轻易更改这些属性，而且这些属性似乎与当前的预测任务无关。而且，如果让这些属性被拿来衡量从而做出重要的决定，可能会让人感到结果并非不公平。

但是，如果有事实证明，在一般情况下，使用有关申请者的种族信息确实可以更准确地预测能否顺利拿到大学毕业证或能否偿还贷款，我们应当怎么处理？ 更进一步考虑，如果这些更准确的预测会导致某些特定的种族（少数族裔）受到歧视，即在其他所有条件都相同的情况下，该少数族裔的成员被录取的概率比其他种族低。这时应怎么办？ 相反，如果使用种族信息允许我们建立准确的模型，并同时可以用来保护我们希望保护的群体。又怎么办？ 我们应该在这些情况下都允许使用种族信息吗？

这些问题没有简单的答案，人类的判断和规范将始终需要在辩论中发挥核心作用。但是，可以肯定的是，对于辩论的中心内容，我们一样能够以科学的方式甚至是算法的方式来提出和研究相关问题。

2.4　禁　止　输　入

在做出关于人的各种决定时，应允许使用哪种类型的信息的问题已经存在很长时间了。这甚至是一些重要法律体系的基础（例如，在贷款决策和信用评分中，直接使用种族信息通常是不被允许的）。但是，这个问题在互联网时代变得更加紧迫。在互联网时代，大量的个人数据被收集，并被用来作为算法决策的依据（无论我们是否意识到），如图2.4所示。因此，人们很容易这样想：只要我们认为模型与当前任务无关，就可以禁止模型访问诸如种族和性别之类的数据，从而解决公平问题。但是，正如我们之前讨论的那样，由于属性之间有着非常强的相关性，我们很难自信地断言哪些个人信息与决策无关，因此删除这些属性通常确实会降低模型的准确性。更糟糕的是，仅删除种族和性别等属性，不足以保证所得到的模型不会表现出某种形式的种族和性别偏见。实际上，正如我们将看到的那样，有时删除种族特征甚至会加剧最终学习模型的种族偏见。

如果有人知道你驾驶的是哪种汽车，拥有的是哪种电脑和手机，以及你喜爱的一些应用程序和网站，那么他们可能已经能够对你的性别、种族、收入、政治倾向，以及其他许多细微的个人信息做出准确的预测。更简单地说，在美国的许多地区，个人的邮政编码已经成为种族信息的一个很准的预测指标。因此，如果人们的某些属性 P 在预测是否会偿还贷款方面一般而言是相关的，而看起来显然与之不相关的属性 Q,R 和 S 组合在一起可以准确预测属性 P。那么，实际上属性 Q,R 和 S 也就并不是不相关的了。更进一步考虑，从数据集中删除属性 P 并不会删除算法基于 P 做出决策的能力，因为它可以学习从 Q，R 和 S 中推论出 P。鉴于这些组合可能涉及的不仅是少数几个属性，而且可能过于复杂以至于超出了人类的理解范围（但仍未超出算法的发现范围）。因此，通过禁止使用某些信息来定义公平性，在机器学习时代已经是一种不可行的方法了。无论我们倾向（或要求）算法在做出决策时忽略什么信息，算法总有办法通过查找和使用禁止信息的代理来避开对应的限制。

换句话说，试图通过限制对机器学习或算法决策过程的输入来强制实施公平的概念几乎已经成为不可能。由于可能输入的数量和复杂性，有意或无意地消解此类努力的方法太多了。另一类方法是相对于模型做出的实际决策或预测来定义公平性，换言之，定义的是模型的输出 y 而不是其输入 x 的公平性。

尽管我们看到这类方法更加成功，但它并非没有缺点和复杂性。尤其是，事实证明，定义预测的公平性的合理方法不止一种，而且这些不同的方法可能会相互冲突——所以不可能一蹴而就。而且，即使我们只解决其中之一，作为一般规则，遵循公平性约束的模型相对于没有公平性约束的模型，所做的预测的准确度总是会偏低。需要进一步考虑的问题是两者的准确度会差多少。

换句话说，这些更定性的决策和判断（必须使用哪种类型的公平概念，用准确性的降低得到公平性的提高是否值得，以及其他许多判断），必须始终牢牢地放在人类决策的范围内。只有当社会做出了这些艰难的选择，科学部分的研究工作才能开始。正如我们将看到的，科学可以阐明不同定义的利弊，但它不能决断是非。

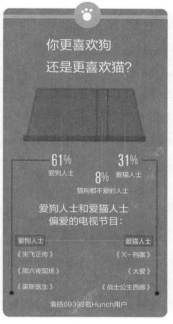

图 2.4　看似无关的人类属性之间的相互关系

注：例如对狗或猫的偏好与喜欢的电视节目之间的相关性。

图片来源：Hunch 公司（后来被 eBay 公司收购）收集的数据。

2.5　定义公平

　　应用于模型的预测或决策的最简单的公平概念，被称为统计均势。像许多公平的定义一样，定义统计均势要求首先确定要保护的个人群体。具体来说，先想象一个类似地球的星球。不同于地球，这个星球上只有两个种族，即圆族和方族。假设出于某种原因，我们担心放贷方进行是否放贷的决定时，会对方族存在歧视，因此我们要求种族信息是一种受保护的属性。统计均势只是要求获得贷款的方族申请者的比例与获得贷款的圆族申请者的比例大致相同，以此来定义公平。该定义没有指定我们必须提供多少贷款，也不指定哪些特定的方族或圆族的申请者应该获得这些贷款。这只是一种粗略的约束，仅要求两个种族的获得贷款的概率必须大致相同。请注意，尽管我们担心的可能是对方族的歧视，但同时也要求我们不能歧视圆族（尽管我们可以根据需要来定义单边变量）。

统计均势当然是某种形式的公平，但通常被认为是一种较弱的、有缺陷的形式。首先，让我们回想一下监督学习的框架，其中像凯特这样的贷款申请者在其向量 x 中都有特定的个人属性，并且有一些"真实"的结果 y 表示贷款人是否会偿还贷款。统计均势完全没有提到向量 x。我们可以完全忽略 x 并选择完全随机的 25% 的方族和圆族来提供贷款，就可以满足统计均势。这应该是决定贷款决策的糟糕的算法，因为我们完全没有参考任何个人的属性。

但是，如果再仔细考量一下，一旦我们意识到统计均势并没有指定模型所做出的预测的目标，而只是对这些预测做了约束，那么它的缺陷就不会那么严重。因此，一个糟糕的算法（随机借贷）就可以完全满足统计均势这一事实，且不意味着就没有更好的算法可以向"正确的"贷款申请者提供贷款。算法的目标可能仍然是最小化其预测误差或最大化其利润。只是现在算法在朝着这个目标努力的同时，必须保证以相同的概率向两个种族发放贷款。从某种意义上讲，随机贷款可以确保遵循统计均势，可以立即使人们清楚地看到这个公平性定义以某种方式实现，并非所有公平性定义都能以如此简单的方式来实现。

此外，有时随机借贷实际上可能还是一个好主意，因为它使我们在收集数据时就服从统计均势。如果我们是新的贷方，对申请者属性和还款情况之间（x 和 y 之间）的关系一无所知，我们可以暂时随机发放贷款，直到我们有足够的 $<x,y>$ 数据对，可以做出更明智的决定，同时仍保持公平（服从统计均势）。在机器学习中，这个收集数据的过程被称为探索期，在这段时间里，我们关注的不是做出最佳决策，而是收集数据。在某些情况下，出于自身的考虑，故意无视随机决策是可取的。例如，在公开音乐会上分发有限数量的免费门票时，我们并不会认为某些人应该比其他人更有资格获得门票。

另一个更严重的缺陷是，统计均势也没有提及向量 y，这里 y 实际上代表每个申请者的最终信誉。尤其是，假设由于某些原因（可能有很多原因），总体而言，方族的确比圆族整体上的借贷风险更高。例如，假设圆族的申请者中有 30% 会偿还贷款，但方族的申请者中只有 15% 会偿还贷款（如图 2.5 所示）。如果我们设法找到一个完美的预测模型，即根据任何申请者（无论是哪个种族）的 x，模型能够始终正确地预测该申请者是否会偿还贷款，那么统计均势将迫使我们做出一些艰难的选择，因为两个种族的实际还款率不同，但是公平性要求我们以相同的概率发放贷款。

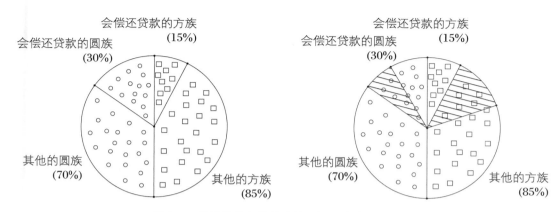

图2.5 统计均势与最佳决策之间的张力关系说明

注:为了遵守统计均势,贷方必须拒绝向某些信誉良好的圆族申请者(如阴影所示)发放贷款,或者同意向某些会拖欠贷款的方族申请者(如阴影所示)发放贷款。

例如,我们可以通过向一半恰好会偿还贷款的15%的方族申请者和会偿还贷款的30%的圆族申请者的提供贷款,以保证遵守统计均势。但这显然也会带来不公平的感觉,尤其是,我们拒绝向那15%信誉良好的圆族申请者贷款是不公正的。而且,贷方是通过向将会偿还贷款的人提供贷款来赚钱,而向那些不会偿还贷款的人提供贷款则会亏钱,这样贷方能够赚的钱也会比预期的少。另一种处理方法,我们可以向30%会偿还贷款的圆族申请者提供贷款,并同时遵守统计均势。但是此时,我们不仅必须向15%会偿还贷款的方族申请者提供贷款,而且还要向15%会拖欠贷款的方族申请者提供贷款,以使两个种族的获得贷款的概率相等。这样一来,贷方将为此蒙受损失。

换句话说(或用机器学习的语言来说),虽然统计均势与探索并不矛盾,但是它与开发是不一致的(也就是说,与做出最优决策不一致)。任何时候从准确度的角度来看,最佳的做法应该在两个群体之间有所区分。在这种情况下,我们不能简单地优化模型的准确性,而只能在受到统计均势约束的情况下尝试使其准确性实现最大化。上述两种解决方案采取了不同的方式,一种是通过拒绝向信誉良好的圆族申请者提供贷款,另一种是通过向我们知道(或至少预测为)会拖欠贷款的方族申请者提供贷款。而且,尽管我们接下来将看到可以针对这种粗略的公平性约束进行各种改进,但是公平性和准确性之间的张力将始终存在,而且可以被量化。在数据和机器学习的时代,社会将不得不在模型的公平性与准确性之间进行权衡并做出决策。

实际上,这种权衡总是隐含在人类的决策之中。以数据为中心的算法时代,恰好使它们变得更加明显和重要,并鼓励我们更精确地对其进行研究。

2.6　会计"功绩"

统计均势的问题是即使在做出"完美"决定时也可能违反统计均势，如果圆族和方族的信用度不同，可以通过要求平均分配所犯的错误来补救，而不是平均分配所提供的贷款来解决。特别是我们可以要求，对于圆族和方族的申请者，错误拒绝率（模型决定拒绝向应会偿还贷款的申请者贷款的决定）大致相同。为什么这应该被认为是公平的概念？如果我们将被拒绝贷款的信誉良好的个人视为受到损害的个人，则此约束要求任意信誉良好的圆族申请者和任意信誉良好的方族申请者受到损害的可能性相同。换句话说，在所有其他条件相同的情况下，申请者的种族不会对是否因算法造成损害产生影响。而且，如果我们能以某种方式永远不会犯任何错误（达到完美的准确性），那么这个想法将依然被认为是公平的，因为从那时起，两个族群的错误拒绝率均为零，也就彼此相等了。

但是现在，如果我们的模型错误地拒绝了将会偿还贷款的方族申请者中的 20%，这也是"公平的"……只要它同样错误地拒绝了将会偿还贷款的圆族申请者中的 20%。因此，在这里，我们没有平均分配贷款（按统计均势），而是以错误拒绝的形式分配模型的非准确性。这为建立不完善的预测模型（之后将讨论，这是机器学习的必然特性）打开了大门，这个新定义仍然可以认为是公平的。我们可以自然称新定义为"假阴性相等"。和定义"假阴性相等"一样，我们也可以很容易地对有更大损害的错误进行定义。

当然，如果你是被拒绝贷款的信誉良好的方族申请者之一，这对你来说仍然不公平。并且，即使你知道了自己受到的不公正待遇与和信誉良好的圆族申请者的受到的不公正待遇是一模一样的，也依然会感到不适[①]。这是因为统计均势和假阴性相等都为群体（在本例中为两个种族）提供了保护，但没有为那些群体中的特定个人提供保护，我们稍后将讨论这个话题。

---

① 哥伦比亚大学法学教授悉尼·莫根贝瑟（Sydney Morgenbesser）在讨论有关 1968 年校园抗议活动的后果时，称警察不公正但公平地殴打了他。在被要求解释时，他说："他们不公正地殴打了我，但由于他们对其他所有人都做了同样的事情，所以这并不是不公平的。"

由于现在完美准确的决策被认为是公平的，因此我们可能会倾向于认为假阴性相等消除了公平性与准确性之间的矛盾。不幸的是，尽管理论上可能可以做到（比如，从申请者 x 中，确实可以完美地预测还款情况 y），但由于机器学习的本质特点，这实际上是做不到的。

这些现实包括现实世界中的各种情况是混乱且复杂的，甚至完全无视公平这一事实。很难找到一个机器学习问题，可以有足够的数据和计算能力，用来找到可以做出完美预测的模型（即使这种模型在原则上也是可能的）。比如，我们不能期望能够完整准确地衡量贷款申请者的每个重要属性。一旦承认模型将不可避免地是不完美的，就很容易构建虚拟示例或找到真实案例，假阴性相等与平等性之间的矛盾就出现了。

2.7　公平性与准确性之间的战斗

举个例子，让我们考虑一个简单的问题。在这个问题中，我们必须仅根据 SAT 分数来决定谁能进入虚构的圣费尔尼斯（St. Fairness）学院。同样，大量来自圆族和方族的人员都在申请。事实证明，绝大多数申请者是来自圆族的。此外，来自圆族的申请者往往更富有，因此可以承担 SAT 预备课程及多次重考的费用。来自方族的申请者的则并不富有，通常只参加一次考试，准备工作和练习较少。毫无疑问，基于这种不同，圆族的 SAT 平均分数高于方族。事实证明，这两种人群都为攻读大学做好了充分的准备。特别地，我们认为被圣费尔尼斯学院录取的申请者，在圆族申请者和方族申请者中的百分比是相等的。这里的差别只是圆族比方族取得了更高的 SAT 分数。

如果我们的模型是一个简单的阈值规则——接受 SAT 分数高于某个临界值的任何申请者——那么我们可能根本无法做出完美的预测。此外，即使选择最准确的模型也可能严重违反公平性。根本的问题是，由于绝大多数申请者是圆族，因此，最准确的模型（最大程度地减少其犯下的错误的模型）将主要根据 SAT 分数和圆族的大学成功申请来设定阈值。因为按照定义，多数群体的错误率比少数群体的错误率更能计入总体误差。这是以对方族的歧视（较高的错误拒绝率）为代价的。

为了说明这一点，假设历史上的申请者数据集如图 2.6 所示。

在此图中，圆圈代表圆族申请者，正方形代表方族申请者。沿线的位置指示 SAT 分

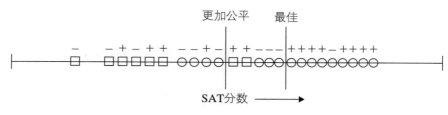

图 2.6　申请者的历史数据集

数,右边分数更高。申请者上方的"＋"号表示此人被圣费尔尼斯学院录取,而"－"号表示此人未被录取。在此数据集上,从纯准确性的角度来看,最好的模型是标记为"最佳"的临界值。如果我们只接受 SAT 分数高于这个临界值的申请者,就会犯 7 个错误:在临界值以上有 1 个圆族"－",在临界值以下有 1 个圆族"＋"和 5 个方族"＋"。但这意味着我们会错误地拒绝了这 5 个本应当成功获批的方族申请者,而只错误地拒绝了 1 个圆族申请者,这违反了公平性的定义——假阴性相等。而且,如果我们使用此临界值来决定未来的申请者,那么通常应该能预计这种不公平的现象至少会与历史训练数据一样糟糕。

当然,其他模型也是可能的。根据假阴性相等的评价指标,将临界值降低到较低水平(例如,将标记移至"更公平"的位置,可多接受两个取得大学成功的方族申请者)可以提高公平性。但由于我们现在总共犯了 8 个错误(之前是 7 个错误),因此准确性降低了。读者可以自行验证,即使在这个简单的数据集上,提高公平性也会降低准确性,反之亦然。

让我们研究一下对此示例的一些反对意见。第一个反对意见是,这个示例确实是虚构的过于简单的情况。没有哪个大学会仅根据 SAT 分数来招生,而不去建立一个包含许多其他因素的更复杂的模型。但是,在通常科学研究中,特别是在算法设计中,如果在简单的示例中已经发生了糟糕的情况,那么这些情况也往往会在更复杂的情况下发生,而且发生的范围可能会更大。并且,最近的经验机器学习文献中充斥着许多现实世界中的例子。在这些例子中,建立用于得到预测准确性的最佳模型会导致对某些子群体明显的不公平。因此,增加复杂性并不能解决这个问题。

第二个反对意见是,问题是由我们的模型引起的。模型中没有考虑到圆族和方族的 SAT 分数会因为特定原因产生明显偏差的情况,而且这种偏差与他们能否顺利大学毕业无关。如果我们从统计意义上知道或检测到圆族和方族 SAT 得分的分布不同,为什么不能为这两个群体各自建立单独的模型呢?例如,在图 2.7 中,我们显示了与之前相同的数据,并为圆族和方族分别设置了临界值。这个混合模型仅仅犯了 3 个错误(圆族 2 个,方族 1 个),比之前讨论的设置一个临界值时犯有 7 个错误要好,而且也更公平,因为它错误拒绝的圆族和方族申请者数量(1 个)相同。这样一来,我们允许使用更复杂的模型,使得在准确性和公平性上均得到了改进。

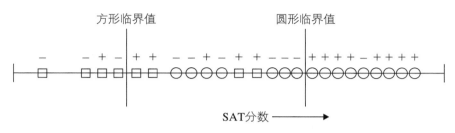

图 2.7 为圆族和方族各设置一个临界值

这确实是一件好事，同时增加了公平性和准确性。实际上，它与实施某些平权行动的政策没有太大的不同。但是请注意，此模型（实际上涉及先根据申请者的种族来选择要使用的子模型）现在明确使用种族信息作为输入，正如之前所讨论的，这是一些公平概念（和许多法律）中所禁止的，因为种族信息同样会增加而不是减少歧视。如果我们删除输入中的种族信息，则就不可能实现此混合模型。即使我们可以使用这样的模型，也不一定能解决这个问题——SAT 分数是否对一个种群比另一个种群来说更能预测一个人能否顺利大学毕业吗？例如，假设仅针对圆族群体的最佳预测模型的错误拒绝率为 17%，而仅针对方族群体的最佳预测模型的错误拒绝率为 26%。根据假阴性相等的原则，我们依然对方族群体存在歧视，虽然这种歧视可能比单一的、通用的、不使用种族信息的模型要少。

应注意，在本章开头讨论的词嵌入模型中观察到的性别偏见，可以归因于数据中存在的人类潜在偏见。算法只是简单地反映了人类使用语言的方式——通过反思加以理解，我们怎么能期望它做到没有偏见呢？但是，在我们刚刚讨论的放贷和入学预测问题中，不能轻易地将人为偏见归咎于数据。在这里假设数据中的标签是正确的——数据集中被标签为能够顺利大学毕业的人都是正确的，反之亦然。当然，如果假设标签也可能出错，情况只会变得更糟。我们最终的录取算法中出现的错误拒绝的差异，是使用优化预测准确性的算法的自然结果。这个现象不能仅归因于模型类别、目标函数或者某一部分数据。只是，当最大化多个不同人群的准确性时，一类算法可能会自然地为多数人群更好地进行优化，而同时以少数人群为代价。因为根据定义，多数人群中的人更多，因此他们的模型在准确性方面，对整体人群的贡献更大。

因此，无可避免的是，预测的准确性和公平性（以及隐私、透明度和许多其他社会目标）的概念仅仅是不同的标准，而对其中一个进行优化可能会迫使我们在其他方面的表现有所欠缺。这是机器学习中一个不可忽略的事实。从科学、法规、法律或道德角度出发，对此事实的唯一明智的回应是承认这一事实，并努力尝试直接衡量和管理准确性与公平性之间的权衡。

2.8   天下没有公平的午餐

我们将如何以定量和系统的方式（在算法上）探索准确性与公平性间的折衷方案？从引言（我们描述了逐步调整将正点与负点分开的直线或曲线的过程，以及用于神经网络的更奇特但类似的反向传播算法）开始，我们已经对机器学习如何最大程度地提高预测精度有所了解，以及它在没有任何公平性约束的情况下对数据集进行的处理。在我们的圣费尔尼斯学院数据集上，此过程将需要搜索 SAT 分数的临界值的可能值，以最大程度地减少犯错误的总数（成功的学生被拒绝，失败的学生被接受，不考虑种族的因素）。因此，即使对于丰富的模型类别来说，算法细节可能很复杂，但它们的基本思想都是寻找具有最低总体误差的模型。

但是，同样可以寻找到能将整体不公平程度降至最低的模型。毕竟，对于任何建议的 SAT 临界值，我们只要通过计算被错误拒绝的圆族学生人数与被错误拒绝的方族学生人数之间的差值，即可轻松计算出其"不公平分数"。使用与标准的"误差最小化"机器学习相同的原理，我们可以改为设计"不公平最小化"机器学习的算法。

更好的解决方案是，我们可以同时考虑这两个标准。现在，对于每个模型，我们取两个与之相关联的数值——在数据上犯的错误数量和在数据上的不公平分数。如果我们有一种算法可以为正在考虑的所有模型枚举这些数字，那么我们可以尝试选择产生"最优"折衷的模型。但是，"最优"到底是什么意思？让我们再次思考之前的数据集，首先检查并比较两个与种族无关的分数临界值，如图 2.8 所示。

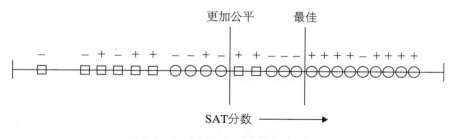

图 2.8   两个与种族无关的分数临界值

哪个更好？"最佳"临界值（犯有 7 个错误，不公平分数为 4），还是"更公平"临界值（犯有 8 个错误，不公平分数为 2）？没有绝对正确的答案，因为这两个模型中的任何一个都是在一个标准下更好，而在另一个标准下更差。因此，它们是无法比较的，我们应将两者都视为合理的候选模型。

但是有时候，有些模型确实更糟。若将"最佳"临界值向左移动 3 个圆圈而获得这样一个临界值，则这次模型会多接受这 3 个未成功的学生。该模型现在犯了 10 个错误，并且具有与"最佳"临界值相同的不公平分数（值都为 4）。因此，相对而言，新模型在公平性上没有改进，却有了更多的错误。在任何可能的情况下，我们都不会认为这种新模型比之前的模型更好，因为我们可以在不付出其他代价的情况下提高多个目标中的一个。用机器学习的语言来说，新模型受"最佳"临界值对应模型的支配（Dominate）。相比之下，"最佳"临界值或"更公平"临界值对应的模型互不支配。

我们可以在整个模型空间中推广这种想法。假设我们列举了正在考虑的模型（例如枚举 SAT 分数临界值的所有有意义的情况），计算所有可能模型指标对＜错误数目，不公平分数＞。从概念上讲，这些指标对将为我们提供二维平面上的一组点的集合，看起来可能如图 2.9 所示。

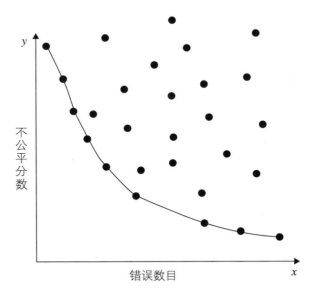

图 2.9　二维平面上的一组点的集合

所以，每个点对应一个不同的模型。点的 x 坐标是模型的错误数目，而它们的 y 坐标是模型的不公平分数。例如，"最佳"临界值对应的是 $x = 7$ 和 $y = 4$ 处的那个点。在这里，我们绘制了一条曲线，连接了一组未被支配的模型。这些模型形成了这组点的西南曲线（向左下方的一条曲线）。这里需要意识到的关键问题是，任何不在此曲线上的模型都一定是一个"坏"模型。我们不应该考虑这些模型，因为我们总是可以通过移动到西南曲线上的一点，在不损害其他度量的情况下改善模型的公平性或准确性（或两者同时改善）。

这个曲线的术语名称是帕累托曲线，它构成了一组"合理"选择，以在准确性和公平性之间进行取舍。帕累托曲线以 19 世纪的意大利经济学家维尔弗雷多·帕累托（Vilfredo Pareto）的名字命名，实际上不仅可以在准确性与公平性之间折衷，还可以用于量化解决任何存在多个相互竞争指标的优化问题，提出的"好"的解决方案。最常见的例子之一是投资组合管理中的"有效边界"，它量化了股票投资中收益与风险（或波动性）之间的权衡取舍。

权衡准确性和公平性的帕累托曲线，必然对我们应在边界上选择具体哪一点保持沉默。因为，这里的选择是对准确性和公平性相对重要性的判断问题。帕累托曲线使我们的问题尽可能地量化，但并无法给出更多的建议。

好消息是，总的来说，每当我们为一类模型提供实用且"标准"的仅考虑准确度的机器学习算法时，我们也都有实用的算法可以追踪到帕累托曲线。这些算法会稍微复杂一点，毕竟它们必须标识一组模型而不是一个模型，但也不会复杂太多。例如，一种算法的处理方式是发明一个新的单一数值目标，该目标采用错误数目和不公平分数的加权组合。因此，我们可能将"惩罚"量化到模型中，比如该模型的目标可以是其错误数目的 1/2，再加上不公平分数的 1/2。因此，"最佳"临界值对应的目标取值为 $(1/2) \times 7 + (1/2) \times 4 = 5.5$。然后，我们找到最小化加权目标的模型，该模型以同样的权重处理错误数目和不公平分数。事实证明，最小化此加权目标的模型必然对应帕累托曲线上的点。如果我们随后改变权重（例如，将错误数目的 1/4，再加上不公平分数的 3/4），将对应地在帕累托曲线上找到另一个点。因此，通过探索两个目标的不同组合，我们可以将问题"简化"为单目标情况，并可以找出整个曲线。

考虑准确性和公平性之间的量化折衷的冷冰冰想法，可能会让你感到不舒服。值得注意的一点是，我们的模型根本就无法逃离帕累托曲线。机器学习工程师和政策制定者可能都对此一无所知或拒绝考虑这点。但是，一旦选择了决策模型（实际上很可能是人为的决策），则只有两种可能性：该模型在或者不在帕累托曲线上。如果不在帕累托曲线上，则它是一个"坏"模型（因为至少可以在某种程度上对其进行无成本的改进）；如果在帕累托曲线上，它可能确实隐式地表达了对准确性和公平性相对重要性的数值加权。不使用定量化的方式来考虑公平性，则并不会改变这些事实，只会掩盖它们。

在准确性和公平性之间进行定量化的权衡取舍，并不会削弱人类的判断力、政策和道德规范的重要性。这种方式只是将这些重要的考量集中在最关键、最有用的地方，也就是用来准确确定帕累托曲线上的哪种模型最好。除了首先选择公平性的概念之外，还有哪个或哪些群体值得保护。我们将在后续讨论这两点。此类决定应以许多无法量化的因素为依据，包括保护特定群体的社会目标是什么，以及所面临的威胁是什么。我们大多数人都认同，尽管向用户显示在线广告中的种族偏见和银行放贷决定中的种族偏见都是不可取的，但后者中的偏见对个人的潜在危害远远超过了前者。因此，在为贷款算法选择帕累托曲线上的一个点时，我们可能宁愿更偏重于公平性。例如，坚持不同种族群体的错误拒绝率要几乎相等，即使这是以降低银行利润为代价的。我们在这个模型下会犯更多的错误，包括错误拒绝信誉良好的申请者和给会拖欠贷款的申请者提供贷款。这两种错误都不会不成比例地集中在任一个种族群体中。这是我们为了得到强有力的公平性保证，而不得不接受的代价。

　　如图 2.10 所示，3 个不同真实数据集的帕累托曲线示例，误差（x 轴）和不公平性（y 轴）。曲线的形状不同，误差轴和不公平性轴上的实际数值也不同，体现出不同的权衡。

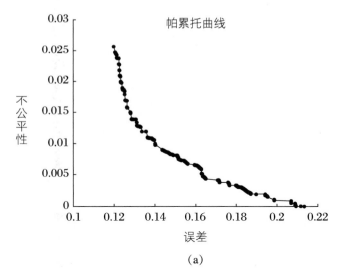

图 2.10　不同真实数据集的帕累托边界示例

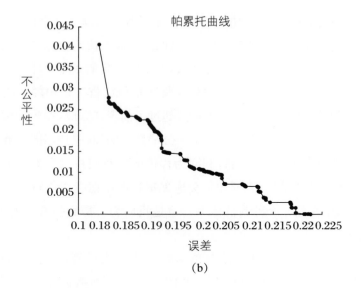

(b)

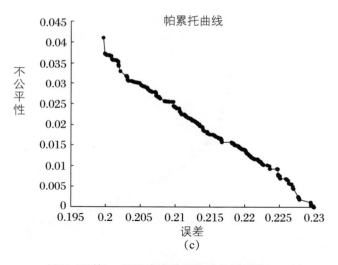

(c)

图 2.10(续)　不同真实数据集的帕累托边界示例

2.9　公平性之间的战斗

在我们考虑如何从帕累托曲线上选择模型之前，甚至还没有到考虑人类判断的作用之前,就存在一个问题,那就是首先要使用哪种公平概念。正如之前已经看到的,公平性有多个合理的选择。在我们只是想分配一些机会(如音乐会的免费门票)并且也没有相关的价值观念(如信誉)的情况下,在各个群体之间按照群体数目比例平均分配是适当的。在贷款决策中,针对不同群体的假阴性(错误拒绝了信誉良好的申请者)概率的近似相等也可能是适当的。在选择某人的纳税申报表进行审计审查时,公平性的目标可能是使不同群体的假阳性(没有发现任何违法行为的审计)概率的近似相等。因为在这样的情况下,是假阳性(依法纳税的公民却要接受昂贵的审计)就会遭到伤害。除了这些,还有其他一些合理的有关公平性的定义。

就如同希望能够获得同时做到准确性和公平性的模型一样,就个人愿望而言,我们也希望能够同时满足公平性的各种定义。在准确性和公平性之间确实总会有取舍,但是为什么不能让公平性的定义足够强大呢?例如,为什么不将公平性定义为满足统计均势,使假阴性相等和假阳性相等,或者定义为其他能想到的描述呢?

遗憾的是,与帕累托曲线一样,我们再次遇到了对包罗万象的公平性定义的严峻障碍。事实证明,即使我们忽略了准确性方面的考虑,公平性标准(尽管它们各自都是合理的)的某个组合也无法同时实现,有一些数学定理证明了这类不可能性。一种是不同群体的假阴性相等和假阳性相等的组合,另一种则称为阳性预测值相等的公平性定义。这第三种定义只是要求(例如)在算法建议给予贷款的那些人中,各个种族群体的还款率大致相同。这是一个预测算法应该具有的合理属性。因为,如果算法不具备预测这个属性,也就是说,如果获得贷款的圆族申请者最终使银行赚到的钱比方族申请者少,那么承担贷款责任的人类决策者在判断是否要遵循模型建议来进行贷款批准时,将有很强的动力选择让种族因素来影响最终决定。他们这样做是很合理的,因为如果模型对两个种族都没有相等的阳性预测值,那么它对圆族申请者的预测确实不同于对方族申请者的预测。

因此,在这种情况下,存在 3 种不同的公平性定义,每种定义都是完全合理且合乎需要的,并且每种定义都可以单独实现(尽管要付出一定的准确性方面的代价)。但是,将它们合在一起时,就根本无法实现。因此,除了要在单个定义下的公平性与准确性之间进行权衡之外,我们还必须要在多个公平性定义之间进行权衡①。

---

① 这与我们在第 1 章中所看到的形成了有趣的对比。在第 1 章中似乎确实存在一个单一框架("差分隐私")。该框架满足了我们(合理地)在隐私定义中可能想要的大部分需求,而且仍然允许用机器学习方法对数据进行分析使用。换句话说,我们已经知道,算法公平性的研究必定比算法隐私性的研究更"混乱",并且将不得不接受多种不相容的公平性定义。我们可能希望的不是这样,但是事态仍然必须继续。但这确实丰富了我们对差分隐私优势的认识。

这些对公平性的严格数学约束在某种程度上令人沮丧，但这也确认并强调了人们和社会在公平决策中将始终发挥的核心作用，无论采用何种算法和机器学习都是如此。这也同时揭示，尽管一旦我们确定了公平性的定义，算法就可以在计算帕累托曲线方面表现出色，但算法根本无法告诉我们应该使用哪个公平性定义，或者在曲线上选择哪种模型。这些是主观的规范性决定，无法富有成效地被科学化。并且，从许多方面来看，它们恰恰是我们所描述的整个过程中最重要的决定。

2.10　防止"公平性细分歧视"

到目前为止，我们在此过程中还有一个更关键和主观的决定，这是对于我们要保护的群体的选择。之前已举了一些例子，说明了人们担心单词嵌入中的性别偏见，以及在贷款和大学录取中的种族歧视，但是性别和种族仅仅是我们可能要考虑的众多属性中的两个。关于基于年龄、身体残疾状况、财富、国籍、性取向和许多其他因素的歧视问题，也已经在社会上进行了广泛的辩论。美国平等就业机会委员会甚至制定了禁止基于任何类型的"遗传信息"进行歧视的法规。这是一个极为广泛的概念，不仅包括种族和性别，而且还包括很多尚未发现的遗传因素。如何选择公平性定义或如何确定要使用的最终帕累托曲线模型，都没有"正确答案"。同样，在算法或机器学习中也不存在能够告知我们如何选择要保护的属性或人群的自动判断的功能。这是人类社会自己要做的决定。

贯穿本书的一个主题是，一般而言，算法（尤其是机器学习算法）擅长优化人们要求它们优化的内容，但是不能指望它们去做人们希望它们执行但并没有明确要求的事情。它们也不能避免做人们不想要做，但并没有明确告诉它们不要做的事情。因此，如果我们要求准确性但不提及公平性，那么算法就不会公平。如果我们明确要求达到一种公平，那就能得到这种公平，而其他类型的公平则不能保证。正如我们所看到的，有时这些冲突和折衷在数学上是不可避免的，而有时不公平的出现只是因为我们没有明确指定想做的和不想做的事情。

选择我们要保护的群体时也适用同样的主题。特别是，最近发现的一种现象就是我们所谓的"公平性细分歧视"。其中，多个彼此有重叠的群体得到了公平性保护，但是以对某些属性交叉的细分群体的歧视作为代价的。例如，假设我们想分发来见教皇的免费门票,并希望不存在性别和种族歧视。因此,同样比例的男性和女性都应该获得门票,同样比例的圆族和方族的人也都应该获得门票(这里仍使用虚构的两个种族)。假设我们可以提供的免费门票数量是总人数的 20%,并且所有 4 种属性组合(圆族男性、圆族女性、方族男性、方族女性)的数目都相等。如果每种组合有 20 人,则总人数是 80 人;这时我们总共分发 16 张免费门票(如图 2.11 所示)。

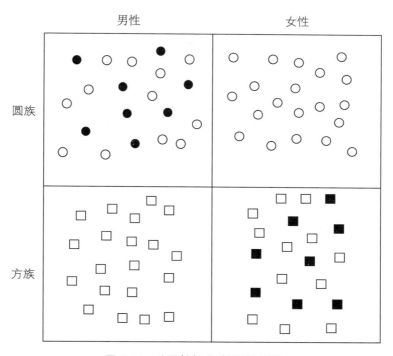

图 2.11　公平性细分歧视的示意图

注：其中得到免费门票的人（有阴影的圆圈和正方形）不成比例地集中在细分

群体中。 但总体上, 分别从性别或种族来看, 都是完全公平的。

　　我们可能会设想,"最公平"的解决方案是给圆族男性、圆族女性、方族男性和方族女性各分配 4 张票。但这并不是我们要求的"分别"指定的对种族和性别的公平性要求。从我们所要求的角度来看,一个同样公平的解决方案是有"细分歧视"的解决方案,该方案给圆族男性 8 张票,方族女性 8 张票,而另外两个组则一张票都没有。这时仍然有 8 张给男性的票,8 张给女性的票,8 张给圆族的票,8 张给方族的票。只是我们将这些票集中在某些更细分群体(圆族男性、方族女性)中,而以其他细分群体(圆族女性、方族男性)没有得到票为代价。

　　有人可能会问,谁会提出类似这样一种复杂的有歧视性的解决方案？答案是,如果机器学习算法能够提高某些预测任务的准确性,即使只是很小的提高,它也会这样做。我们并没有要求保护这些更细分的群体，而只是要求算法保护种族和性别这两个属性整体上公平。如果我们也想要对某些细分群体进行保护，就必须明确告诉算法要这样做。一旦我们看到了这个问题，似乎就有了无限种的可能的细分群体需要保护。因为，尽管算法可以避免对种族、性别、年龄、收入、残疾和性取向中任一单项的歧视，但我们发现它还是拥有一个有歧视的模型，例如，它可能会不公平地对待 55 岁以上年收入不足 50000 美元有残疾的西班牙裔女性。

尽管有关此类主题的研究才刚刚开始，但最近的研究提出了改进的算法来应对公平性细分歧视。这些算法的思想和直观过程，可以用"学习者"和"管理者"之间的双人博弈来描述。学习者一直在努力使预测准确性最大化，但被要求在管理者规定的复杂的子群体（如 55 岁以上年收入不足 50000 美元有残疾的西班牙裔女性）中保持公平。随后发生的博弈过程的情况是，管理者在当前情况下，发现在学习者提供的模型中遭受歧视的新的细分群体，学习者则试图纠正这种歧视，同时仍保持尽可能高的准确性。确保此过程可以快速生成对管理者需要保护的所有细分群体都公平的模型，即使管理者可能需要考虑保护大量的群体（比如不同属性的多种组合情况）。实验工作表明，在仍然能够提供有用的准确模型的同时，算法可以满足更为强烈的细分群体公平性概念。实际上，图 2.10 显示了真实数据集的错误和不公平之间的帕累托曲线。它们使用的就是无细分群体歧视的的公平性度量。

当然，一旦我们考虑到人口中更细分的子群体的公平性，就很容易得出一个逻辑推论，这将是对个人的保护，而不仅仅是对群体的保护。毕竟，如果我们采用传统的统计公平性概念，例如，放贷中的错误拒绝率相等，那么若你是被拒绝贷款的信誉良好的方族申请者之一，则我们应怎么向你解释，作为这个错误的"补偿"，会有一个信誉良好的圆族申请者也同样被拒绝。

但是，如果我们在追求个人公平的道路上走得太远，就会出现其他困难。特别是，如果我们的模型犯了一个错误，那么它可能会被指控对被拒绝贷款的那个人不公平。在我们将机器学习和统计模型应用于历史数据的任何场景中，除了最理想化的设置之外，肯定都会出现错误。因此，我们可以提出对于个体尺度的公平性要求，但是如果我们真的要这样做，模型的适用性将受到极大的限制，其准确性所带来的代价也很巨大。我们还需要研究的内容很多，寻找合理的方法为个人提供有意义的替代公平性保证，是正在进行的研究中最令人兴奋的领域之一。

2.11　算法之前和算法之后

本章的重点是机器学习算法，它们输出的预测和决策模型，以及准确性和公平性之间的矛盾关系。但是，在机器学习的典型工作流程中，还有其他地方可能会出现公平性问题，无论是在研究算法和模型之前还是在部署它们之后。

让我们从"之前"开始，即首先将收集到的数据输入给机器学习算法。在本章的大部分内容中，我们都隐含地假定这些数据本身是正确的，并且尚未因人为偏见而存在问题。我们的主要目标是设计不会将歧视作为优化预测准确性的副作用的算法。但是，如果数据的收集过程本身已经是有歧视性的，该怎么办？例如，也许我们希望预测犯罪风险，但是我们没有谁犯罪的数据，只有关于谁被捕的数据。如果警察在逮捕行动上已经表现出种族偏见了，那这种偏见也必将反映在收集到的数据中。

再举一个例子，回到我们之前假设的圣费尔尼斯学院的招生场景中。假设招生办公室的人员在历史上对占多数人口的圆族申请者比占少数人口的方族申请者具有更多的了解，更熟悉圆族学生上的是什么样的高中，更了解圆族学生的论文和课外活动，并且通常对圆族人群也更了解，这样一来也许招生人员并没有主观地对方族申请者有歧视，他们只是更了解圆族申请者。对于这些招生人员而言，一个很正常的情况是他们能够更为准确地挑选出能在圣费尔尼斯学院顺利毕业的圆族申请者，而在选拔方族申请者时就无法做到准确。然后，请注意，大学只了解被录取的申请者的成功或失败，而不了解被拒绝的申请者的成功或失败。显而易见的结果是，过去的录取决定所生成的 $<x,y>$ 数据对，会使得圆族申请者看起来总体上比方族申请者要好——不是因为在现实中他们的确更好，而是因为招生人员的相对专业知识以及他们在选择录取过程中产生的数据样本有偏差。

而且，如果在我们的历史数据中，圆族看起来比方族更好，那么就绝对没有理由希望机器学习算法（甚至是认真应用本章所讨论过的所有反歧视方法的机器学习算法）能够学习出一个更倾向于方族申请者的模型。问题是，即使我们在训练数据集上使圆族申请者和方族申请者的错误拒绝率相等，我们也无法在圆族和方族的总体数据中做到这一点，因为训练数据并不能代表这些总体数据。这里存在的问题不是来自算法，而是因为算法输入和真实世界之间的不匹配。这是由数据中已经嵌入的偏见引起的。这使得我们根本无法期望算法本身能够发现和纠正这种偏见。这是计算机科学谚语"垃圾进，垃圾出"所形容的机器学习版本。我们也许可以将此版本形容为"偏见进，偏见出"。

问题可能变得更加糟糕。有时，使用有偏见的数据或算法做出的决策是进一步收集数据的基础。这样一来，会形成有害的反馈循环，随着时间的流逝会进一步加剧歧视。这种现象的一个例子来自"预测性警务"领域。在该领域中，大型都市警察部门使用统计模型来预测犯罪率较高的社区，然后将更多的警力派往该地区。最常用的算法是专有和保密的。因此，关于这些算法如何估计犯罪率存在着争议，一些警察部门如何正确使用逮捕数据也是令人担忧的。当然，即使 A 社区和 B 社区的潜在犯罪率相同，如果我们派遣更多警力到 A 社区（更少警力去 B 社区），我们自然也会在 A 社区中发现更多的犯罪。如果将该数据反馈到模型的下一个更新中，我们将"确认"派遣更多的警力到 A 社区而不是 B 社区，并在下次发送更多这样的信息。按照这样的过程，即使观察到的犯罪率出现很小的随机波动，也可能导致自我实现的执行预测，而这些预测实际上并没有任何事实基础。在此过程中获得的数据不仅可能来自正常的随机波动性，而且实际上可能是在警力部署有偏见的时期（例如，不成比例地对少数族裔社区进行监管的时期）。测得的历史犯罪率的结果，这些偏差几乎都可以被保持并扩大。这是提供给算法的数据与数据所代表的真实世界之间不匹配的另一个例子。而且，这种不匹配现在还通过反馈循环得到了加强。

如我们所见，公平的机器学习算法的设计可以科学化，并且（至少原则上）易于在实践中实现。公司、组织和工程师有必要意识到这一科学，认真对待它，并希望将它纳入他们的代码中。即使是复杂的计算机程序和系统，也通常是由相对较小的团队构建的，因此需要接受教育和培训的人数是可以控制的。但是，由于数据收集的偏差而产生的问题又该如何处理呢？

不幸的是，在许多情况下，这些问题与算法一样具有社会性，因此更加困难。当由庞大、分散且差异巨大的人群完成大学录取或预测性警务的数据收集时，每个人都有各自未知的优势、劣势和偏见。因此，实施整洁、有原则的做法所面临的挑战可能会令人望而生畏。而且，在许多情况下，出于政策、法律或社会的原因，机器学习建议的科学解决方案（例如，仅对"探索"阶段收集的数据进行训练，在该阶段中，随机接受大学申请者，而完全不关注他们的申请材料）是不能够在实际中执行的。因此，尽管现在围绕公平性有很多扎实的科学研究，要了解如何更好地将孤立算法的狭隘范围与应用它的更广泛的场景联系起来，还有很多工作要做。围绕公平性存在很多未知的地方有待探索，这也使得该领域的科学研究工作变得更加令人兴奋。

3 大众游戏：使用算法

3.1 约会游戏

2013 年，一位名叫阿曼达·刘易斯（Amanda Lewis）的记者在《洛杉矶周刊》上发表了一篇很有见地的文章，讲述了她最近使用在线约会应用程序"咖啡遇见百吉饼"（Coffee Meets Bagel）的经历。该应用程序的新颖性之一是将经济学中"稀缺"的概念应用于浪漫的婚介活动。"咖啡遇见百吉饼"并不鼓励用户通过大量盲目的在线闲聊和调情来促成可能的约会，而是通过算法，限定向用户每天提供一个匹配建议或约会请求，用户可以接受或拒绝。这个过程的整体思路是通过人为限制供给来有效提高匹配的价值或需求。

但是，刘易斯接下来继续详细介绍了该应用程序的一些"经济"副作用。这些副作用多半不是有意为之的，也不是人们所希望的，但可以通过博弈论来理解。博弈论是研究由自利个体组成的群体间策略互动的经济学分支。"咖啡遇见百吉饼"邀请用户在匹配需求中指定种族、宗教和其他偏好，然后算法将尝试根据这些偏好选择给用户提供每日建议。

刘易斯描述了她在不指定任何种族偏好（或更确切地说，她表明愿意与该网站列出的任何种族群体中的男性相匹配）之后，她开始每天只能接受到与某地区男性的匹配建议。这里的问题可能是，愿意接受与某地区男性匹配的女性人数与某地区男性人数并不相当，也就是说，可以认为该应用程序的用户群体中某地区男性是供过于求的。并且由于匹配算法遵循用户设定的偏好，因此必然的结果是，没有明确将某地区男性排除在偏好之外的女性将经常与某地区男性相匹配。

给定其余用户群所选择的偏好，刘易斯的"最佳反应"（一种博弈论术语）是，将自己的偏好修改为不愿意和某地区男性匹配。也就是说，如果她也想与其他地区的男性相匹配，她的唯一选择就是明确放弃某地区男性的选项。即使这不是她最初想要做的，她还是不得不这样做了。当然，这只会加剧之前就存在的某地区男性供过于求的现象，并且会形成一个反馈循环，鼓励其他用户也这样做。

　　看起来刘易斯是被迫在两种都非她本意的选择之间进行决策。这些选择是从其他用户陈述的偏好开始，通过一类算法来实现的。这些算法盲目且微观地针对每个用户分别遵循了用户的偏好，却不考虑整体的宏观后果。至少从刘易斯的角度来看，该系统陷入了博弈论理论研究者称之为"不良均衡"的困境。如果该应用程序的所有用户都可以同时进行协调以更改其偏好，那么他们可能都对他们的匹配结果感到更满意。但是，他们每个人都对难以逃脱当前这个糟糕的结果无可奈何。这有点像金融危机中的银行挤兑，尽管银行挤兑会使得我们所有人集体陷入困境，可能造成银行倒闭，但如果在银行倒闭前能够取回自己的钱，还是非常符合个人利益的。

3.2　当人们自身成为问题所在

　　刘易斯在"咖啡遇见百吉饼"中发现自己所处的困境，与前面各章中考虑的公平和隐私问题之间存在着一些重要的区别和相似点。在所有这3种情况下，算法都起着核心作用，会根据人类的数据进行操作，并主要根据人类的数据建立预测模型。但是，在违反公平性和隐私性的算法中，将算法视为"犯罪者"，将人视为"受害者"似乎是合理的，至少是近似合理的。如之前所见，仅针对预测准确性进行优化的机器学习算法可能会歧视特定种族或性别群体，而根据人类行为或医学数据来计算汇总统计信息或生成模型的算法可能会泄露或损害特定个人的隐私信息。但是，人本身并不是违反社会规范的阴谋者。的确，人们甚至可能没有意识到他们的数据对信用评分或疾病预测模型有所贡献，并且可能根本不会与这些模型进行交互。由于我们发现的问题主要是算法问题，因此我们有可能提出性能更好的算法解决方案。

　　"咖啡遇见百吉饼"的困境更加微妙一些。我们可能会认为，刘易斯也是一类受害者。当算法强迫她必须声明自己的地域偏好时，她会感到内疚，其实她只是为了避免总是与同样的群体相匹配。这在某种程度上与算法歧视相似，但其实还是有很大的不同。这里关键的区别在于，我们不能再将责任完全或绝大部分归于算法本身了。其他用户以及其偏好，是使刘易斯陷入困境的重要原因。毕竟，相对于表示愿意与某地区男性约会的女性人群而言，系统中存在太多某地区男性并不是算法的过失。该算法只是试图充当某种调解者,试图根据所有用户对于约会对象的偏好来满足其中每个用户对于约会对象的偏好。我们甚至可以说,该算法正在使用用户给出的数据来做最明显和最自然的工作,而真正的问题是数据,这其实是用户偏好本身造成的。

我们最终将看到,尽管用户情况很复杂,但我们不应该轻易地认为算法就没有问题。在许多涉及用户偏好的设置中,仍然有一些算法技术可以避免用户之间的不良均衡(类似刘易斯所遇到的困境)。特别是,有时可能存在着多个均衡,并且算法或许能够选择(或者促进用户去选择)更好的均衡。以"咖啡遇见百吉饼"为例,也许当前每个人都像刘易斯的偏好一样,希望匹配建议能够具有多样性,但每个人都是被迫输入并不太真实的偏好。也许一类不同的算法可以做得更好,能够激励每个人输入他们的真实偏好。在其他一些场景下,我们可能更喜欢一种根本不鼓励、不实现任何均衡的算法,它可以找到使整体"社会福利"更高的解决方案。但是,与前面章节不同的是,本章要讨论这些算法的替代方案,我们需要将用户及其偏好置于中心位置。反过来,这又引导我们来使用博弈论的强大概念,并将其作为有力工具。

3.3　跳球和炸弹

许多读者应该已经对博弈论有所了解,这在一定程度上是由于它具有普遍性,以及它有时能够对日常情景的问题给出不同于直觉的深刻答案。非正式地讲,博弈论中的均衡可以描述为一种情形,在这种情形下,所有博弈的参与者都在给定其他参与者的行动条件下,基于自己的利益得失而行动;任何一个参与者都不会孤立地改变自己的行动(那样会让自己的利益受损)。该定义的关键方面(我们将在需要时更精确一点)是体现在其中的自私自利性、单方面稳定性的概念。假定系统中的每个"玩家"(如"咖啡遇见百吉饼"的用户)将自私地采取行动(如设置或更改其约会匹配偏好),以实现自己的目标,对他人的类似自私行为做出响应,而不考虑自己的行动对其他参与者的影响或整体后果。

因此,这种均衡将会形成一种所有人都自私的僵局。在此时,所有参与者都在同时试图优化自己的处境,但是没有任何人能够自己单独改善自己的处境。从技术上讲,我们在这里提到的基本数学平衡概念被称为纳什均衡,以诺贝尔奖获得者经济学家约翰·福布斯·纳什(John Forbes Nash)的名字命名。纳什证明了这种均衡在非常普遍的条件下始终存在。我们很快将有理由来考虑博弈论相互作用的非均衡解，以及不同于纳什均衡的更具合作性的均衡概念。

当将均衡描述为自私的僵局时，有时均衡可能对于系统中的特定个体（如刘易斯）甚至整个群体都是不具期望的。这并不奇怪，用已故的经济学家托马斯·谢林（Thomas Schelling）（2005 年诺贝尔经济学奖获得者）的话来说，"被绞死的人的尸体处于均衡状态，但没有谁会坚持认为这个人一切都好"。谢林对住房选择、交通拥堵、发送节日贺卡以及在礼堂中选择座位等各种问题都进行过均衡分析。

尽管我们对均衡概念的竞争性、自私性的讨论可能看起来有些愤世嫉俗或令人沮丧，但每个人都只是为了自己的利益而行动，并根据他人的贪婪行为来优化自己的选择和行为。博弈论依然可以提供有价值的线索，说明在偏好相互冲突的设置中（如约会应用中的种族偏好），为什么以及在什么情况下有时可能会出错。如果碰巧有一种解决方案能够使合作行为符合每个人的自身利益，那么这个均衡也就不排除合作行为了。事实证明，基于最大化个人利益目标的原则，博弈论不仅可以描述均衡时可能出问题的地方，而且还可以为优化整体结果提供算法上的建议。

在博弈论漫长而悠久的历史中（无论怎么计算，该领域至少可以追溯到 20 世纪 30 年代），它的主要目的是准确理解现实世界中问题的简单且高度形式化的版本。这些问题的形式通常用一些小的表格来描述，表格中的数字用来表示两个玩家的收益（也能表现出玩家的偏好，因为玩家总是会根据对手的行为来选择能给自己提供最高收益的选项）。一个经典示例是石头-剪刀-布（在现实世界中，作为篮球比赛开局时跳球的替代很有用）。在这个博弈里，如果一个玩家选择了石头，一个玩家选择了剪刀，则前者的收益是 +1，后者的收益是 -1。均衡的结果是两个玩家会均匀且随机地从他们的选项中进行选择，即分别以 1/3 的概率选择石头、剪刀和布。这是具有前述单边稳定性的唯一解决方案。如果我均匀地随机化，则你最好的应对方法是也同样这样做。如果你进行其他任何操作（如相比于其他两个选项，更频繁地选择布），我会利用这个特征并取得优势（始终选择剪刀）。有些读者可能更加熟悉"囚徒困境"的示例。这是一个简单博弈，具有一个令人不安的均衡。尽管博弈中的双方有合作的非均衡结果，可以让双方都有高的收益，但双方都会在博弈中选择破坏彼此的共同利益。故事的描述是这样，两个犯罪嫌疑人被逮捕并关押在不同的牢房中。他们可以选择与同伙"合作"，拒不认罪，或者"背叛"同伙并承认犯罪，对同伙进行指证。如果他的同伙"背叛"了他并指认了他的犯罪事实，他将被判处很长的刑期；如果他的同伙不认罪，他将被判很短的刑期。如果某个嫌疑人"背叛"了同伙，检察官则可以缩短他原本应该得到的刑期。问题是，如果某个嫌疑人选择"合作"拒不认罪，他的同伙可以通过"背叛"来得到更短的刑期，反之亦然。当两个嫌疑人都"背叛"时，两个人都接近可能的最坏结果,但是由于相互"合作"不是单方面稳定的,所以嫌疑人彼此陷入了互相"背叛"的糟糕的均衡,也就陷入了"困境"。

尽管此类博弈非常简单,但偶尔也会将它们应用于非常重要且高风险的问题中。在冷战期间,兰德公司(长期从事政治和战略咨询的智囊团)和其他机构的研究人员使用博弈论模型,来试图理解美国和苏联两国进行核战争和关系缓和的可能结果,如是否会造成世界的核毁灭。这个工作可能会以黑色幽默的形式被公众记住,1964年史丹利·库布里克(Stanley Kubrick)的电影《奇爱博士》是以囚徒困境来作为结局的。但是,博弈论的持久影响和应用(已广泛应用于进化生物学和许多其他领域),证明了深刻理解复杂问题的一个"玩具"版本的价值。通过将战略紧张局势精简到可能只有几行和几列的数字表格,博弈论理论家可以精确地解决均衡问题,并试图理解其对实际问题的影响。当然,实际问题通常是更为复杂、混乱和不精确的。

就像我们将看到的那样,过去20年的技术革命极大地扩展了博弈论推理的范围和适用性。同时,也带来该领域前所未有的挑战,要解决规模庞大和内容复杂的问题——涉及在庞大数据集(由成千上万,有时甚至数十亿的用户生成)中运行复杂算法的问题。将这些问题抽象到类似石头-剪刀-布或囚徒困境的简单模型中是完全不可行的,那样会丢失太多的重要细节,根本无法在实际中使用。由"咖啡遇见百吉饼"用户的约会偏好决定的婚介均衡,根本不是几个数字和手工计算即可理解的问题。这里的均衡本身就需要一种算法来进行计算,这种计算可以理解为由应用程序提供的。

为了应对这些挑战,算法博弈论这一新领域已经出现并迅速发展。它将经典博弈论和微观经济学的思想和方法,与现代算法设计、计算复杂性和机器学习相结合,目的是开发出有效的算法解决方案,以解决大量用户之间复杂的策略互动。至少,算法博弈论希望广泛地了解诸如"咖啡遇见百吉饼"之类的系统中可能发生的情况。在最好的情况下,算法博弈论不仅是描述性的,而且是规范性的。如在第1章和第2章中,讨论了我们如何设计出更多考虑社会效果的算法。现在,我们必须要思考在用户存在动机和偏好的环境中如何进行算法的设置,以及如何在行动中对它们进行检查。这些是我们将在本章中讨论的主题。

3.4 通 勤 博 弈

为了说明现代技术的规模和力量如何能使算法博弈论变得更有意义，让我们来思考一项许多人每天都从事的活动——驾驶汽车，虽然之前我们可能从未将其视为"博弈"。假设你生活在繁华的都市，道路拥堵，每天你必须从郊区的住处开车到市区的工作场所。你所必须经过的路线由高速公路、主干道、街道和偏僻小路组成，而且你可以选择的合理路线的数量非常多。例如，最直接的路线可能是从离你家最近的入口处上高速公路，从离工作场所最近的出口处驶出高速公路，并在高速公路前后的街道上行驶一段距离。但是，也许高速公路的某个路段在通勤时间经常会发生交通事故，所以有时最好提前驶出高速公路，在住宅区的街道上走一段小路，然后再重新驶入高速公路。在任何一天，一些临时情况（交通事故、道路施工或球类比赛活动等封锁道路）都可能使你的常规路线比其他路线需要行驶的时间更久。

请思考一下，在繁忙的城市中进行较长时间的通勤，你可以选择或至少尝试考虑的不同路线可能有数十甚至数百条。当然，这些不同的路线可能会在不同程度上有重叠（也许其中大部分都选择了同一段高速公路），但是每条路线都是贯穿本地道路网的一条独特路径。在博弈论术语中，你可以选择的动作的"策略空间"可能要比石头-剪刀-布之类的简单博弈要大得多。因为在石头-剪刀-布的博弈中，根据定义，只有 3 个动作可以选择。

因此，现在你有很多条道路可以选择。但是什么使这个过程成为"博弈"的呢？这是基于这样的事实，即你像绝大多数通勤者一样，目标是减少行驶时间。但是，你可能选择的每条路线上的行驶时间不仅取决于你选择的路线，还取决于其他所有通勤者的选择。每条路线的拥挤程度对于行驶时间的影响，要大于道路的长度、交通信号灯状况、限速要求以及其他固定的因素。选择某条道路的驾驶员越多，该道路的驾驶时间就越长，从而使这条路线对你的吸引力降低。同样，道路上的车辆越少，你选择这条路线的愿望就越强（只要路线上的其他路段不太繁忙）。

数百种可能的路线与成千上万的其他通勤者的选择相结合，向你展示了一个定义明确且令人难以置信的优化问题：根据所有其他司机的选择，选择总驾驶时间最短的路线。这是你在通勤博弈中的"最佳反应"。我们有理由假设你至少会尝试自利地采取行动并选择最佳行驶路线（就像刘易斯在"咖啡遇见百吉饼"应用中不情愿地所做的选择一样）。谁愿意花更多的非必要的时间在通勤上呢？

请注意，尽管该博弈的复杂性远高于石头-剪刀-布之类的博弈，但它们有基本的共同点，即任何单个玩家选择动作的收益（或成本）取决于所有玩家的动作选择。它们也有重要的区别。在石头-剪刀-布中，两个参与者的收益结构相同，但是在通勤道路的选择上如果你和我在不同的地方生活和工作，我们的收益结构将有所不同（即使我们俩仍然都希望尽量减少通勤时间）。而且，如果你和我在一天中的不同时间上下班，那么我们甚至不在同一轮博弈中。但是这些差异并没有改变通勤道路的选择，这是另一个（尽管非常复杂）博弈问题的基本观点。这意味着就像石头-剪刀-布和"咖啡遇见百吉饼"一样，从定性和算法的角度来讨论其均衡（"好"还是"坏"，以及是否会有更好的结果）都是有意义的。

3.5 自私的导航应用

道路变得十分拥挤，其他驾驶员的选择会影响你自己的行驶时间，通勤就成为我们描述的博弈问题。但是多年来，这种表述并不是特别有意义，因为人们确实没有能力根据当前交通流量来真正甚至近似地优化行驶路线。通勤一直都可以看作一种博弈，但是之前人们并不能有效地选择策略。在这里，技术改变了一切，并且正如我们将看到的，这不一定有利于集体利益。

进行通勤博弈的第一个挑战是信息性。就像年长的读者可能回想的那样，几十年来，你不得不通过汇总既不完整（也许仅覆盖主要高速公路，却几乎不提供有关绝大多数道路的信息）又不准确的广播或电视交通流量报告（因为报告只是偶尔的，也许是每半小时一次，因此经常是不及时的）来计划每日通勤路线。但是，即使可以神奇地始终为每条道路提供完美的当前交通数据，仍然存在第二个算法挑战，那就是计算大规模道路网络中两个点之间的最快路线，每条道路的权值都等于当前行驶时间。

在较短的时间内，位智（Waze）和谷歌地图（Google Maps）等导航应用程序已有效解决了这些问题。算法上的挑战实际上比较容易解决，长期以来存在着快速、可扩展的算法，用于根据已知流量计算最快的路线（在计算机科学中称为"最短路径"）。经典的算法是迪杰斯特拉算法（Dijkstra's algorithm），以在 20 世纪 50 年代后期提供该算法的荷兰计算机科学家名字命名。这样的算法反过来又允许通过众包来解决信息问题。尽管早期的导航应用程序对交通数据的操作并不比互联网之前的时代好多少，但它们至少仍然可以有效给出穿过复杂且可能陌生的城市合理路线的建议，这是对密集而混乱的折叠地图时代的巨大改进。一旦大量用户开始使用这些应用程序，并允许（有意或无意）共享他们的位置数据，这些应用程序就相当于在道路上安装了数以千计的实时交通传感器。

这种众包才是真正的游戏规则改变者。无论你在自己家乡做向导拥有何种自豪感，都不如该工具的实用程序能做到自动优化行驶时间，以响应几乎任何地方的每条道路上的实时、高精度和细粒度的交通数据。这太令人着迷了，没有人能拒绝使用。谷歌地图用户数量增长到数亿，进一步提高了交通数据的覆盖范围和准确性。

图3.1是谷歌地图导航系统页面的截图，它仅显示了大费城地区两个地点之间成百上千条路线中的几条。建议的路线按预计行驶时间由短到长排序。

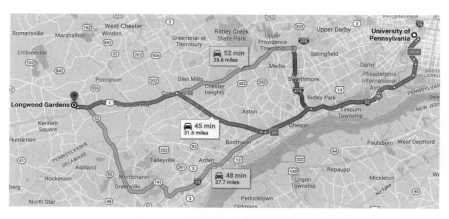

图 3.1　谷歌地图的导航系统页面

从我们的博弈理论的角度来看，现代导航应用程序最终使通勤博弈中的任何"玩家"都能在路上随时随地计算出对所有"对手"的最佳反应。毫无疑问，这些应用程序异常有用且高效，通过处理可用的海量数据来完成最清晰的任务——寻找每个用户的最佳利益，根据当前交通的模式找到用户最快的行驶路线。

3.6　麦克斯韦解决方案

　　但是还有一个值得考虑的观点，那就是因为这些应用正在为每个玩家分别计算最佳响应，所以它们正在推动集体行为朝着那种竞争性均衡发展，正如我们在"咖啡遇见百吉饼"、囚徒困境和石头-剪刀-布中讨论过的那样。这些应用程序从每个用户的个人利益角度出发，鼓励自利的决策。通过"咖啡遇见百吉饼"和囚徒困境两个示例的分析，我们已经看到了，最终的竞争性均衡很可能并不是每个参与者都为之高兴的状态。当然，即使在城市道路驾驶方面有一定经验的人都会遇到过这样的情况，即每个人的自利行为，似乎会使每个人的情况都变得更糟。例如，在纽约市林肯隧道入口处车辆并道时，常常发生的碰撞和剐蹭事件。

　　有什么可以改变这种个体自私、集体竞争的驾驶状态呢？当然，没有人相信，如果时光倒流，我们回到交通报告不便，只能查阅纸质地图的时代，我们能过得更好（至少在节约开车时间方面）。但是，既然我们确实拥有了大型系统和应用程序，它们能够聚合精细的交通数据，计算并向驾驶员提供建议路线，那么除了当前明显的自私建议之外，提出新的推荐也许值得我们去考虑。

　　让我们思考一个概念上简单的思想实验。设想有一个新的导航应用程序——我们将其命名为麦克斯韦（Maxwell），命名原因稍后再揭晓。麦克斯韦至少在较高的应用层次上与位智和谷歌地图相似。与这些已有的导航应用程序一样，麦克斯韦会从其用户那里收集 GPS 定位和其他位置数据，以创建详细的实时交通地图，然后针对所有用户，随时根据用户的起点、终点和交通状况，来计算并推荐一条驾驶路线。但是麦克斯韦将使用一种截然不同的算法来计算一条建议路线。该算法有着不同的目标，与竞争均衡相比，它可以达到不同且更好的集体效果。

　　麦克斯韦并非孤立地向每个用户推荐自私或最佳的反应路线，而是收集系统中每个用户的计划起点和终点，并综合使用它们来计算协调解决方案，在博弈论中被称为最大社会福利解决方案（Maximum social welfare，因此该应用的名称为"Maxwell"）。在通勤博弈中，最大社会福利解决方案是使整个人群的平均驾驶时间最小化，而不是尝试根据当前的交通情况分别使每个用户的驾驶时间最小化。通过最小化平均驾驶时间，麦克斯韦正在将人们可以用于做其他事情的时间最大化，这可能是一件好事。

看起来这两种解决方案之间似乎没有什么区别，但是区别又确实存在。我们举一个形式化但具体的示例，来说明这种区别。设想这样的一个场景，一个城市中有大量的驾驶员，记为 N 个，而且所有这些驾驶员都希望同时从位置 A 行驶到位置 B。从 A 到 B 的路线只有两条。我们分别称它们为慢速路线和快速路线。

慢速路线经过许多学校、医院、图书馆、饭店、商店和其他一些地方，这些地方都会产生大量的行人流量。这条路线上到处都是停车标志、人行横道、减速带和维护交通秩序的交警。因此，有多少驾驶员选择慢速路线并不重要。这条路线的真正瓶颈是所有的停车标志、人行横道、减速带和交警。换句话说，我们可以假设在慢速路线上从 A 行驶到 B 所花费的时间与车辆的数量无关。为了使场景更具体，我们假设慢速路线的行驶时间恰好是一小时。

另一方面，快速路线是一条没有速度限制和警察的高速公路，但容量有限。如果你是唯一驾车的人，那么从 A 到 B 的行车速度可能非常快，花费非常少的时间。但是，选择快速路线的驾驶员越多，行驶速度就越慢。具体来说，假设 N 个驾驶员中有 M 个选择快速路线，则每个驾驶员的行驶时间为 M/N 小时。由于 M 是小于或等于 N 的整数，因此这意味着快速路线花费的时间最少为 $1/N$（如果只有一名驾驶员选择快速路线；当 N 很大时，则近似为 0），花费的时间最多为 N/N（如果每个人都选择快速路线，则为 1 小时）。因此，在最坏的情况下，快速路线的行驶速度和慢速路线相等，这里速度取决于 M 的大小。从你作为驾驶员的角度来看，你可能会希望所有其他 $N-1$ 个驾驶员都选择慢速路线（每条路线都需要行驶 1 小时），而你便可以通过快速路线，以非常快的速度到达目的地。当然，其他驾驶员都不会喜欢你的解决方案。

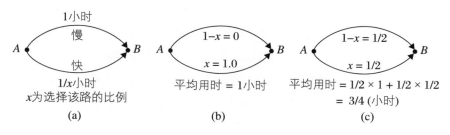

图 3.2　简单两路线导航问题

注：（a）简单两路线导航问题的图示，其中一条是具有固定行驶时间的慢速路线，另一条是速度与交通状况有关的快速路线；（b）均衡或者现有导航解决方案；（c）麦克斯韦解决方案。

现在，让我们先分析一下现有导航应用采用和鼓励的自私行为的后果。简单思考可以知道,此类应用程序将向所有驾驶员推荐快速路线。这是因为,如果该应用程序向即使是很少数的几个驾驶员(比如 5 个)推荐慢速路线,那么这 5 个驾驶员都将经历固定的 1 小时慢速路线行驶时间。其中任何一个人若改选快速路线,他的行驶状况都会略好一些,行驶时间为 $(N-5)/N = 1 - 5/N$ 小时(不到 1 小时的时间)。因此,自私的导航所导致的竞争均衡是,每个人都沿着快速路线行驶,然后将快速路线的行驶时间变得并不小于慢速路线了,使得每个人的行驶时间都正好是 1 小时。请注意,在这种均衡下,每个单独的驾驶员实际上都不会觉得选择哪条路线会有区别,因为此时两个路线的驾驶时间都是 1 小时。但是,即使仅有一个驾驶员选择了慢速路线,那么快速路线上的驾驶员们也能行驶得快一些。

在相同情况下,麦克斯韦会怎么处理?它将挑选一半的驾驶员(假设是随机的一半),建议他们行驶在慢速路线,并建议另一半驾驶员前往快速路线。在讨论为什么有人会按照建议选择在慢速路线行驶之前,让我们分析这种替代解决方案中的所有人的平均驾驶时间。显然,慢速路线上的 $N/2$ 位驾驶员将像往常一样要经历 1 小时的行驶时间。而快速路线的 $N/2$ 个驾驶员每个人的行驶时间仅为 $(N/2)/N = 1/2$ 小时。因此,整个群体的平均驾驶时间是 $(1/2 \times 1) + (1/2 \times 1/2) = 3/4$ 小时,也就是只有 45 分钟。事实证明,将人群分配到慢速和快速路线,可以将平均驾驶时间降至更低。学习过并还记得微积分的读者可以理解,如果我们令 x 代表快速路线上的驾驶员比例,那么平均行驶时间就是 $1 - x + x^2$,在 $x = 1/2$ 取得最小值,也就是平均 3/4 小时。

换句话说,通过提出具有不同目标的导航策略(明确关注群体利益而不是个人自身利益的导航),我们可以将整体行驶时间大幅减少 25%。而且,我们可以在做到这一点的同时,又不会使任何人变得比之前竞争均衡中所处的境况更糟。因此,通过上面给出的简单的小例子我们知道会有一个更好的替代竞争均衡的策略。在现实世界中,复杂的道路网络的替代方案能达到的收益通常会更大①。2018 年,来自加州大学伯克利分校的研究者提供了经验性的证据,表明现有的导航应用程序确实会导致道路的拥挤和时间的延误。问题是,我们是否能够以及如何能够真正在"现实世界"中实现群体驾驶时间的最优化。

---

① 通勤中自私行为的一个独特但相关的副作用称为布雷斯悖论(Braess's paradox)。 这个悖论说明,在道路网络中增加道路容量实际上会增加交通拥堵(或关闭道路反而可能减少交通拥堵)。 据报道,这种情况已经发生在许多大城市中,如首尔、斯图加特和纽约等。 如果使用麦克斯韦解决方案,就不会发生这样的现象。

3.7　麦克斯韦均衡

　　实现麦克斯韦均衡的第一个挑战是算法。在我们的简单的两条路线的示例中，找到整体上最佳的解决方案是通过简单的微积分计算，但是当麦克斯韦面对真正的街道和高速公路以及成千上万的驾驶员（而且出发地和目的地均不同）的庞大网络时，将如何做呢？对于在大规模网络上位智和谷歌地图建议的自私选择路线，可以使用迪杰斯特拉算法来进行快速计算。

　　幸运的是，事实证明存在快速、实用的算法可以用于计算全局解决方案，从而最大程度地减少大规模网络中的整体平均行驶时间，尤其是如果每条道路上的行驶时间是该道路上驾驶员数量的线性（即成比例）函数时。例如，我们前面的示例中的道路，或者更现实的道路，若假设驾驶员中有比例为 x 的人在道路上行驶，则需要花 $1/4 + 2x$ 小时的行驶时间。这种比例模型是能够近似实际交通情况的合理模型，我们可以容易地从位智等服务已经定期收集的大量经验数据中得出此类模型，这些数据提供了不同交通情况下的行驶时间示例。对于这样的道路，平均行驶时间是二次函数（若有比例为 x 的驾驶员选择了 $1/4 + 2x$ 这条道路，则仅这条道路对整体平均行驶时间的贡献为 $(1/4 + 2x) x = x/4 + 2x^2$）。

　　麦克斯韦必须解决一个非常高维的问题，即找到与网络中每条道路相对应的驾驶员的确切比例，而且这种方式要与每个人的出发地和目的地一致，同时保证在整体上是最优的。但这是一类被仔细研究和深入理解过的问题，具有非常实用的算法。这是所谓的"凸优化问题"的一个实例，可以通过所谓的"梯度下降法"来解决。这是一类"在最陡峭的方向下坡，以快速到达山谷的最低点"的算法。在这里的场景中，这仅意味着我们从任意分配行驶路线开始，并对其进行逐步改进，直到最小化整体行驶时间为止。

　　如果道路上的行驶时间与交通量不成比例，而是更复杂的函数怎么办？例如，考虑一条假设的道路，其行驶时间为 $x/2$（当 $x < 0.1$ 时），$10x + 2$（当 $x \geq 0.1$ 时）。也就是说，一旦有 10% 或以上的驾驶员驾车行驶在这条路上时，所需的行驶时间就会突然且不连续地增加。对于像这样的更复杂的道路，我们并不知道是否总是可以保证找到社会最优解决方案的快速算法，但是我们还是确切地知道在实践中存在行之有效的良好算法。在这些

更复杂的情况下，社会最优解对自私均衡的改进可能比比例道路中的要大得多。因此，在实现麦克斯韦的过程中，至少看起来算法方面的挑战都是可以克服的。

3.8 欺骗麦克斯韦

但是，和涉及人的偏好和博弈论的环境中的所有问题相似，麦克斯韦在现实世界中将面临的最大挑战与好的算法无关，而是与激励机制有关。具体来说，为什么驾驶员要遵循一个应用程序的建议，特别是这个应用程序在某些给定时刻，并不会直接建议他开那条最快的路线？考虑到前面例子中的任何一位分配到慢速路线的驾驶员——他总是可以"偏离"到快速路线并减少行驶时间，那么他为什么不这样做呢？如果每个人都这样做，就会恢复到现有应用程序造成的竞争性均衡了。

如果我们再多考虑一些，就会想到似乎即使是当前的导航应用（如谷歌地图和位智）也可能会受到各种作弊或恶意操纵的影响。例如，我可能会欺骗我的导航软件，告知它虚假的预期出发地和目的地，从而以一种有利于我的方式影响它推荐给其他用户的路线，产生虚假交通流量，导致谷歌地图或位智提供的解决方案将其他司机从我的真实预期路线引开。根据《华尔街日报》2015 年的报道，这种类型的恶意操纵软件的事情显然已经在洛杉矶的居民区发生了，那里的居民出行会因为这种凭空捏造的交通状况而感到困扰：

> 有些人试图通过发送有关交通拥堵和事故的错误信息来欺骗导航应用，从而将通勤者引向其他路线。还有些人则是登录软件并将其设备留在自己未在行驶中的汽车上，希望导航应用将其判定为交通停滞并建议其他用户选择替代路线。

然而，麦克斯韦所面临的激励问题显然更严重，因为它面对的不仅仅是驾驶员可能对应用程序的欺骗，更可能出现的问题是当程序提供给驾驶员的路线建议不是最佳选择时，驾驶员会完全无视这个路线建议。

对此问题有一些合理的回应。首先，我们可能最终（甚至很快）会进入一个主要是（甚至完全是）自动驾驶汽车的时代。在这种情况下，可以简单地通过集中命令来实现麦克斯韦解决方案。公共交通系统通常已经针对整体（而非个人）进行了设计和优化协调。如果你要从纽约州的伊萨卡城飞往意大利的利帕里岛进行商业活动,你不可能简单地指望美国航空公司沿两个地点之间的直线直飞,其间要经过多次飞行中转和中途停留,所有这些都是为了提高宏观效率,虽然需要同时以个人的时间和便利为代价。同样,要协调庞大的自动驾驶汽车网络,自然需要实施针对整体平均驾驶时间(也可以考虑其他因素,例如燃油效率等)最优化的导航方案,而不是针对个人利益的最优化。

但是,即使在自动驾驶汽车大规模问世之前,我们也可以想象到麦克斯韦可以通过其他方式来得到有效部署。一种方式是像上面的两条路线的示例中那样,如果麦克斯韦随机推荐非自私路线给用户,则用户可能会更有意愿使用该应用。因为随着时间的流逝,非自私路线的推荐将在整个用户之间保持平衡,同时每个用户都将享受较短的平均驾驶时间。因此,尽管你可能不理会麦克斯韦在任何给定行程中推荐的慢速路线(可以通过查看谷歌地图来验证麦克斯韦推荐的是否为慢速路线),但你知道随着时间的流逝,你将受益于听从麦克斯韦的建议(只要其他人也一样)。我们可以将这种现象称为通过"平均"进行合作。当人类受试者反复进行多轮囚徒困境博弈时,也会发生这种现象。但是,对于这里的激励问题,也许还有更好、更通用的解决方案。

3.9　通过关联进行合作

让我们对当前所得到信息做个小结。麦克斯韦可能有更好的整体解决方案,但它容易受到欺骗的影响。自私的导航应用也同样有可能被恶意操纵。两种方法都有良好的算法,但令人担忧的是它们的目标可能会因人为因素而受到损害。

事实表明,有时可以通过考虑博弈中的第三种解决方案来克服这些担忧(第一种是自私均衡方案,第二种是最佳社会福利但非均衡的麦克斯韦解决方案)。第三种方案概念上被称为相关均衡。它也可以通过涉及驾驶的简单情况来进行说明。设想一下,两条非常繁忙的道路的交叉路口,其中一条道路有避让标志牌,而另一条则没有。那么,法律和自私均衡都要求在有避让标志牌道路上行驶的驾驶员必须等到路口空闲的时候才能继续行驶,而在没有避让标志牌的道路上的驾驶员则可以始终正常前进。不管另一条路上的驾驶员正在做什么,每个驾驶员都在遵循自己的最佳选择。但是,在有避让标志牌的道路上的驾驶员承担了所有的等待时间,这对他们来说可能是不公平的。

在此示例中，可以通过交通信号灯来实现相关均衡，现在允许驾驶员遵循依赖于信号灯的策略，类似"如果我遇到的是绿灯，我将通过；如果我遇到的是红灯，我将等待"。如果每个人都遵循这一策略，那么他们的行驶路线都是最优的，但是现在等待时间在两条道路之间已进行了分配，只行驶在有避让标志牌的道路上的驾驶员无法获得这样更公平的结果。因此，交通信号灯是一种协调（或相关）的设备，可以通过合作达到一种均衡。

通过协调的合作有助于解决麦克斯韦的激励问题吗？答案是肯定的，至少在原则上是这样。最近的一项研究表明，设计一种麦克斯韦算法的变体（简称为麦克斯韦 2.0）是可能的，它能快速计算出相关均衡，并且具有 3 个相当强大且有吸引力的激励特性。首先，真正使用麦克斯韦 2.0 的任何驾驶员，都能够获取他的最大利益，没有人会选择退出并使用其他应用程序（这和麦克斯韦 1.0 不同）。其次，每个驾驶员诚实地输入真实的出发地和目的地，也符合其最大利益，不能通过向麦克斯韦 2.0 撒谎来获取对自己有利的的解决方案（这是在博弈论中称为"真实性"的属性）。最后，对每个驾驶员来说，真正地遵循麦克斯韦 2.0 推荐的路线去行驶，是符合其最大利益的。因此，所有驾驶员都希望使用麦克斯韦 2.0，并且会诚实地真正使用它——无论是在输入内容上，还是在遵循其输出的路线推荐上。

麦克斯韦 2.0 如何实现这些看似神奇的特性呢？回顾第 1 章可知，麦克斯韦 2.0 是通过将差分隐私应用于相关均衡中推荐路线的计算来实现的。回想一下，差分隐私保证每个用户的数据都不会在很大程度上影响所得的计算。在这里，用户的数据包括其向麦克斯韦 2.0 报告的出发地和目的地，以及 GPS 位置所贡献的交通数据。所讨论的计算是在相关均衡中安排行驶路线。由于单个驾驶员的数据影响不大，这意味着诸如谎报目的地的行为，将应用程序放在静止的车上之类的操作不会使自己受益或改变他人的行为。并且，由于相关均衡正在计算中，因此用户的最佳选择就是遵循建议的路线。

请注意，这里没有明确的隐私保护的目标。相反，我们想要的激励属性是隐私保护的副产品。但总体来看，这是有道理的，如果其他人无法了解你已进入麦克斯韦 2.0 或它告诉你应当做什么，那么你也就无法通过操纵你的输入来改变他人的行为并从中获利。出于一种目的（如隐私保护）而开发的技术，也可应用在其他地方（如激励真实性得到应用，这是算法中的一个常见主题）。实际上，差分隐私还有许多其他非隐私相关的应用，我们将在第 4 章看到另一个有趣应用。

3.10 博弈无处不在

尽管麦克斯韦只是一个假设出来的应用程序（至少到目前为止），我们还是花了一些时间来研究通勤博弈。因为通勤博弈清晰地展示了许多具有普遍性的主题，并且在我们很多人都有日常经验的场景下也是如此。这些主题包括：

（1）个人偏好（如驾车的出发点和目的地）可能与其他人的偏好（如交通状况）相冲突。

（2）竞争性或"自私"均衡的概念，以及便利的现代技术（如现有导航软件）很可能可以促使我们达到这种均衡。

（3）通过快速算法（如麦克斯韦）也可以发现整体上更好的结果，这些算法也可能具有良好的激励特性（如麦克斯韦2.0）。

（4）当应用程序正在调解或协调用户的偏好时（而不是简单地将其数据用于其他目的，如建立预测模型），该算法设计必须特别考虑用户该如何应对其建议，包括尝试操纵、背叛或作弊。

在本章的其余部分，我们将看到这些相同的想法也适用于其他各种现代的、以技术为媒介的互动中，从日常生活（如购物和阅读新闻）到更特殊的情况（如将分配应届医学专业毕业生到医院工作，甚至进行肾脏移植等）。在某些情况下，我们会看到所涉及的算法可能将我们推向了一个糟糕的均衡；而在其他情况下，我们能看到它们整体上正在做有利于社会的事情。总之，在所有的这些场景中，算法的设计和用户的偏好都是紧密联系、密不可分的。

3.11　与 3 亿朋友一起购物

就像开车一样，购物是我们许多人每天都从事的日常活动。随着技术的发展，购物活动已变得更具社交性和游戏性。在网上购物兴起之前，消费者的购物行为（无论是购买杂货、机票还是新车）在很大程度上都是一种单独的活动。去了当地的实体商店后，你的购买决定是基于自己的经验和研究，或许是基于之前接触过的广告。如果是购买汽车或电视之类的较为贵重的商品，可能会有《消费者报告》之类的出版物供你参考。但是大多数的购物行为，你或多或少是需要自发行动的。就像通勤博弈一样，购物也存在偏好。相对于单纯地想从 A 点到达 B 点的出行需求，购物的偏好更加复杂、多面和难以表达。而且，从前很少有工具可以帮助你优化购物的决策。在网购兴起前，购物行为相当于在利用杂乱的交通报告和翻看折叠式地图的时代驾车通勤。

正如读者将感受的那样，所有这些情况都随着网购的爆炸性发展而改变了。一旦我们开始在网上研究和购买几乎所有可以想象的东西，就为亚马逊公司等零售商提供了关于我们的兴趣、品味和喜好的极其详细的数据。正如我们在前几章中所讨论的那样，机器学习可以通过获取的这些数据来建立详细的预测模型。建立的模型可以通过我们喜爱的产品和服务，预测到我们想要的各种产品和服务。在计算机科学领域中，用于这种通用技术的术语是"协同过滤"（在网飞竞赛举办时已被广泛使用，其隐私侵犯行为可参见第 1 章）。其中相关的算法和模型，我们有必要更多地了解一些，以理解它们是如何随着时间的推移，变得越来越复杂和强大的。

首先，协同过滤中的"协同"是指这样一个事实，不仅通过个人的数据向你提供建议，其他所有人的数据也将被使用起来。最基本的技术仅依靠计数来实现，比如以亚马逊"购买此商品的顾客也购买"的建议形式出现。通过简单地保留其他用户经常一起购买或短时间内连续购买的商品的统计数据，亚马逊可以提醒你在购买了当前商品之后，可能还想要或需要什么商品。这些根据统计数据的购物推荐实际上并没有以任何深层或有意义的方式进行预测（它只需要查看历史频率统计信息即可），并且它们往往相对比较显而易见。例如，购买了新网球拍，会向你推荐网球；购买了托马斯·品钦（Thomas Pynchon）的《万有引力之虹》，会向你推荐戴维·福斯特·华莱士

（David Foster Wallace）的小说（如图 3.3 所示）。

图 3.3 亚马逊根据客户购买统计数据推荐与托马斯·品钦的小说《万有引力之虹》相关的商品

这个层次的协同过滤可以获得相似或相关的商品，但并没有使用相似人员的明确概念。不同于网球拍与网球的搭配购买建议，更为复杂化的建议又该怎样实现，如怎样向只网购书籍的人推荐度假胜地。如果你的阅读兴趣足以说明你是哪种类型的人，那么我们就可以将和你兴趣爱好同类型的人喜爱的度假胜地推荐给你。

3.12 购物、可视化

根据用户的购物历史将用户映射到某一个类型的原则性的算法是什么？我们应该如何提前发现这些类型？想象一下，在一个极度简化的世界里，亚马逊只出售 3 种商品，它们全都是书——托马斯·品钦的《万有引力之虹》、戴维·福斯特·华莱士的《无尽的玩笑》和斯蒂芬·金的《闪灵》。假设有 1000 个亚马逊用户，每个用户都以 1 星到 5 星的连续标量对这 3 本书进行评分。我们将使用连续标量，即允许使用 3.729 这样的评分，因为这将使可视化变得更容易。但请注意，后续展示的所有内容同样适用于亚马逊等平台上常见的离散评分系统。之后，我们可以进行绘图，将每个用户可视化为三维空间中的一个点。例如，将《万有引力之虹》评分为 1.5，《无尽的玩笑》评分为 2.1，《闪灵》评分为 5 的用户，其 x 坐标值为 1.5，y 坐标值为 2.1，z 坐标值为 5。1000 个用户在一起，就在空间中形成了一组点云。

我们期望这朵云看起来像什么？如果总体评分之间完全没有相关性，也就是说，如果只知道用户对 3 本书中的一本书的评分，则无法给我们提供任何信息或洞察力，也无法了解他们对另外两本书的满意程度。这种情况下，我们期望这朵云看起来是相当散布开来的。例如，如果没有相关性，并且对于每本书，用户评分平均分布在 1 到 5 之间，则云实际上将填满三维空间，如图 3.4(a) 所示。

图 3.4 中，所有产品的评级均不相关，每个产品的评级以等概率从 1 到 5 之间随机取值。图 3.4(b) 中，产品的评级之间具有很强的相关性，某些产品的平均评级明显高于其他产品。

但是，我们很可能希望云看起来能少一些随机性，更加结构化。特别是，假设存在这样的情况，《万有引力之虹》的读者总体上更喜欢《无尽的玩笑》，而不是《闪灵》。《闪灵》的粉丝往往会觉得《万有引力之虹》和《无尽的玩笑》都有些呆板和过度雕饰。然后，这些评级实际上会形成两个不同的云或点簇——一个云对《闪灵》具有高分评级，而对于另外两本书具有低分评级（如图 3.4(b) 中的圆形云），而另一个云对《万有引力之虹》和《无尽的玩笑》具有高分评级，则对《闪灵》具有低分评级（如图 3.4(b) 中的三角形云）。即使有一些用户（图 3.4 中由正方形表示）并没有真正落入两个云中的任何一个，本示例中的结构也非常明显。那些以正方形表示的用户是不容易分类的异常值。

也许毫不奇怪，现实世界看起来更像是图 3.4(b)，而不是图 3.4(a)。正如之前提到的那样，人们购买或评价的产品确实存在非常强的相关性（更抽象的事物之间也存在这样的相关性，如我们的政治信仰、种族和习俗）。在讨论如何用算法来识别这些云的问题之前，让我们欣赏一下它们具有的两个非常强大的属性。

首先，假定一个仅给《无尽的玩笑》评分为 4.5 的用户。我们无法将此用户映射到三维空间中，因为缺少了其对另两本书的评分。但是，如果我们现在希望向该用户推荐一本新书，则该数据使我们直观地意识到应该将数据投影到《无尽的玩笑》轴上，发现实际上该用户很可能是三角形云中的一员，而不会是圆形云中的一员。因此，相比于《闪灵》，其应该更喜欢《万有引力之虹》。所以，了解这两个云使我们能够泛化或推断某个用户可能喜欢什么新产品。如果是另一种情况，只知道用户喜欢《闪灵》，那么我们就没有一本值得推荐的书，但我们至少可以知道这两本书都不值得推荐。

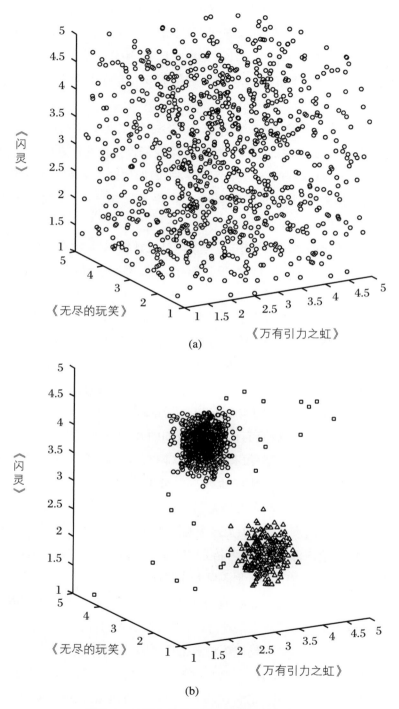

图 3.4　三种产品的虚拟用户评分的可视化

其次，另一个不错的属性是，数据本身会自动告诉我们用户是什么类型。我们不必猜测或假定存在预先设定的类型，例如"后现代小说爱好者"或"恐怖小说迷"等，也不必将图书标识为后现代小说或恐怖小说。我们甚至根本不必为类型指定名称，它们只是对产品的评价高度相似的用户群体。

顺便说一句，细心的读者可能会注意到，在 3 本书的示例中，为什么识别用户类型或群组会更有帮助，而不是仅仅提取之前讨论过的简单的产品关联建议（"如购买《万有引力之虹》的人们往往也购买《无尽的玩笑》"）。这是因为，当产品超过 3 种时，用户建模的优点就会真正显现出来。假设用户到目前为止已在亚马逊上购买并评分了 100 个产品，我们没有选择用户购买的某个产品来推荐相关产品，而是先通过用户购买的全部 100 个商品来识别用户类型，然后再通过用户类型来建议所有产品中用户可能想购买的东西。这样就可以向只购买过书籍的人推荐度假胜地，而不只是推荐书籍。

3.13　另一类型的云计算

在上面的示例中，简单的数据可视化使两朵云（两种不同类型的用户）非常明显，我们可以"识别出"它们。但是，当我们拥有 5 亿种商品（亚马逊上出售商品的大致数量）而不是 3 种时，这种方法不仅是无法扩大规模，而且会发现它的定义也并不明确。我们需要用算法的语言来定义这个问题。

让我们仍然将用户表示为商品评价空间中的点，但是现在这个空间将具有更高的维度，也许并不是所有 5 亿种亚马逊商品，而是从各种各样具有代表性的产品中选择出来的非常庞大的样本。考虑到我们的用户评分点云，以下是对我们这个问题的一种自然表达：

将用户划分为 K 个组，以使同一组中的用户之间的平均距离远小于不同组中的用户之间的平均距离。

在上面的简单示例中，如果我们选择 $K=2$，则很明显，此指标的最优化组就是我们之前确定的圆形组和三角形组。为了完整起见，需要将异常正方形点分配给它们最接近的圆形云或三角形云。但是，如果离群值相对很少，那么它们就不会对最佳解决方案产生太大的影响。此外，至少在这个简单示例中，数据还告诉我们 K 的"正确"值是什么。如果我们将 K 值增大为 3，则可能将正方形离群值变成一个单独的云，或者可能拆分圆形云或三角形云的一半。但是，这两个方案都不能改善我们的解，所以我们应该停止在 $K = 2$ 处。

对于规模巨大的产品空间中的海量用户而言，上面提出的问题可能难以在计算上得到最佳或精确的解决。但是还是存在非常有效的启发式方法，可以找到良好的近似解决方案。一个简单的方法是，先从在产品评分空间中随机选择 K 个中心点，然后将向每个用户分配这 K 个点中距离最接近的一个。这将使我们有一个将用户分为几类的初始方案。这个方案很可能并没有达到我们指定的指标（使组内距离比组间距离小）。但是，之后我们可以逐渐地对这 K 个中心进行小的调整，以改善指标，直到我们无法进一步改善为止；用算法的语言来说，这将能够产生局部最优解，但可能不会产生全局最优的解决方案。一旦我们创建了组或集群，我们就可以始终为每个组生成对应的规范用户类型，如通过对该组中用户的评分进行平均。

有许多机器学习算法比这种简单的方法更快，能够更好地工作。它们具有更加专业的名称，如 K-均值、期望最大化和低秩矩阵近似等。但是出于我们的应用目的，这些算法都具有相同的高层目标——给定用户产品评分或购买记录的庞大且不完整的数据集（不完整是因为几乎每个用户都只购买了亚马逊产品中的一小部分），从数据集中发现出少量的规范用户类型，然后可以根据用户类型精准地向用户推荐新产品。

3.14 回音室均衡

因此，就像导航应用一样，亚马逊收集了我们所有的整体行为数据（关于购物，而不是关于驾驶和交通），并使用这些数据来尝试为我们每个人分别提供优化后的推荐（关于购买什么产品，而不是开车的路线）。一开始，可能很难用这种类比来理解购物也如同于通勤方式的"博弈"，以及亚马逊是否正在将用户推向一个糟糕的自私均衡。在道路上行驶的任何其他人，都可能会对你的交通通勤产生负面影响。但是，其他人的网购行为又会对你产生怎样好或坏的影响？

从我们对协同过滤的描述中，至少可以清楚地看出，会产生影响是一定的。当我们的整体数据用于评估少量的用户类型，为每个用户分配其中的一种类型。推荐给每个用户的产品会因所创建的模型而缩小范围，模型确定的范围实际上是其他所有人购物活动的函数。如果模型隐含地学习到驾驶美国产的汽车且爱好打猎的人会喜欢读史蒂芬·金的小说,但对后现代小说没什么兴趣,那么即使这些人也可能会喜欢托马斯·品钦(后现代小说作家)的作品,亚马逊也不会推荐托马斯·品钦的作品给他们,而是按照分配好的类型去推荐。当然,人们仍然有自由意志,可以选择忽略亚马逊的推荐,而更倾向于自己的研究和判断。这种情况对于谷歌地图等导航应用来说,也是正确的,因为一个人总是可以选择用时更多或风景优美的路线,而不是节省时间的最快的路线,甚至他也可以完全不使用此类导航应用程序。但是,采纳应用所给的推荐建议的人越多,我们的整体行为就会越频繁地受到应用的影响,甚至是由应用决定我们的行为。

也许在购物的情况下,我们可以辩称,我们正朝着良好或至少中性的平衡方向前进,我们在这种均衡中,我们所有人都将受益于机器学习从我们的购买行为中分析出的见解,这些见解是针对新产品的个性化的推荐建议。由于我们并非都在争夺有限的资源(如道路的通行容量),因此所有人都可以同时进行优化,而不会使其他人的情况变得更糟(这在通勤中是不可避免的)。

但是,对于应用于非常相似的问题(如新闻推荐)的相同方法,我们可能会有不同的看法。诸如脸书之类的平台也使用了与亚马逊相同的强大机器学习技术,根据集体数据构建每个用户感兴趣的个人档案,并使用这些模型选择特定新闻,展示推荐给用户。在此过程中可能发生的一种自我隔离,通常被称为"回音室"或"过滤气泡"(Filter Bubble),即始终向用户展示与他们现有的信念和观点相一致或相呼应的文章和信息。推荐给用户的新闻,可以引导用户行为,算法会根据用户行为再做更多的推荐,从而导致一个不断增强的反馈循环。

用博弈论的术语来说,这些服务可能导致我们陷入一种糟糕的均衡状态,在这种均衡状态中,政治和公共话语变得两极化,我们所有人对相反的观点都变得更加不了解,也更加不能容忍。每个人都处于最佳反应状态——在任何给定的时刻,我们都希望阅读一篇与我们观点相似的文章,而不是挑战我们观点的文章——这可能是因为我们的社会被技术带到了一个不太健康的境地。这种两极分化加剧了同质网络社区内部"假新闻"的负面作用。进一步说,还存在着广泛的蓄意操纵舆论的恶意事件,如伪造出的脸书账号(假账号具有完整的用户配置文件,带有特定的身份、活动和观点)发的帖子能够显示在特定网络社区的新闻源或"回音室"中。

请注意,亚马逊和脸书的均衡在很大程度上是相同的,两者都是基于算法和模型的系统试图同时优化每个人的选择的直接结果。只是当一个存在明显分歧的社会处于危机之中时,自私的均衡就比我们如何选择下一部小说或下一个度假胜地要危险得多。与第2章所述的算法公平一样,后果可能会很严重。

3.15　量化和注入多样性

如果我们不喜欢将"回音室"均衡用于新闻推荐甚至购物推荐，那么如何改善脸书和亚马逊等平台使用的算法呢？有种自然方法是增加用户推荐的多样性和探索性——故意使人们接触与他们的明显偏好和过去行为不一致的新闻或产品。此外，这个过程不必以随机或随意的方式进行操作（这可能会使用户感到无关紧要或反感），可以通过特定算法完成。

考虑将用户映射到通过协同过滤等方法确定的用户类型。由于此类模型在空间中确定了用户和类型的位置，因此可以定量测量它们之间的距离。这样，该模型不仅可以估计用户的类型，还可以知道用户与所有其他类型的相似度或相异度。例如，在前面的 3 本书示例中，我们可以测量喜欢《闪灵》的圆形云的中心与喜欢后现代小说的三角形云的中心之间的距离。

如果我们需要用新闻推荐算法来真正挑战用户的世界观，则可以故意向用户推荐与用户类型相反的文章，也就是与用户的空间距离最远的文章。当然，这可能太过分了，只会疏远甚至冒犯到用户。但是，关键是这种算法可以提供一个"调节旋钮"（类似于前面章节中讨论的公平性和隐私性的参数），可以针对纯粹自私的"回音室"行为进行调整（可以针对个人用户进行调整，只要平台愿意支持），从而推荐略微超出用户舒适范围的内容，以便向用户展示对立面的人如何来看待世界。当然，如果要使算法透明，我们往往可以选择将这些探索性推荐放在标有"不同观点"的侧边栏中。

因此，这与我们关于通勤博弈的建议方案不同。那个方案要求我们放弃自私的算法，采用不同且更具随机性的算法（如麦克斯韦 2.0），以实现整体社会效益上更好的解决方案。而这里，我们可以尝试对当前部署的产品略加修改，就可以得到能够实现"回音室"均衡的算法和模型。这个修改可能只涉及更改现有代码中的几行。

3.16　医　疗　配　对

在本章中，我们故意选择大多数人都曾有的日常经验（如驾车、购物或阅读新闻）的示例，来说明个人偏好、集体福利、博弈论与算法之间的相互作用。在许多更特殊的场景中，算法博弈论长期以来在高度重要的决策中发挥着核心作用。

经济学中有一种情况被称为匹配市场。虽然这个术语可能会让人联想到诸如"咖啡遇见百吉饼"之类的约会应用程序，但匹配市场通常出现在更为正式的场景中。在这种情况下，我们希望人与人进行配对或将个人与机构配对。一个常见的应用领域是住院医师招聘，我们将匹配市场的方法具体实施为"住院医师配对项目"（简称为"匹配"）。

基本问题表述如下。每个住院医师候选人都有一个单独的所偏好的医学院的排名。例如，假设候选人伊莱恩（Elaine）和赛义德（Saeed）偏好的医学院的排名如表 3.1 所示（先暂时忽略特殊符号的标注，后面将进行讨论）：

表 3.1　候选人伊莱恩和赛义德偏好的医学院的排名名单

伊莱恩	赛义德
哈佛大学	康奈尔大学
约翰·霍普金斯大学	加利福尼亚大学圣迭戈分校 @
加利福尼亚大学圣迭戈分校 &	哈佛大学 #
贝勒大学	约翰·霍普金斯大学

根据申请材料和面试，医学院当然也有自己的候选人排名列表，如表 3.2 所示：

表 3.2　医学院的候选人名单

哈佛大学 （Harvard）	加利福尼亚大学圣迭戈分校 （UC San Diego）
赛义德 #	罗杰
伊莱恩	赛义德 @
罗杰	伊莱恩 &
格温妮丝	玛丽

因此，这是一个双向市场（候选人和医学院），并且也存在容量限制，因为每个候选人只能去一个医学院，而每个医学院也只能容纳有限的住院医师（为简单起见，我们假设也只需要一个住院医师）。因此，与约会和通勤一样，我们再次拥有一个庞大的系统（成千上万的候选人和数百所医学院）。这些系统具有相互作用、相互竞争的偏好，并且希望指定一种理想的解决方案，以及一个可以快速得到解决方案的算法。

让我们通过首先指定我们不愿发生的情况，来探讨理想解决方案的概念。在上面的示例中考虑候选人伊莱恩和赛义德。假设我们将伊莱恩与加利福尼亚大学圣迭戈分校匹配（由两个旁边的"&"符号表示），将赛义德与哈佛大学匹配（由两个旁边的"♯"符号表示）。然后，无论我们进行其他怎样的匹配，此解决方案都是不稳定的，因为赛义德相比于哈佛大学，更喜欢加利福尼亚大学圣迭戈分校，加利福尼亚大学圣迭戈分校相比于伊莱恩，更喜欢赛义德。也就是说，分别与 & 和 ♯ 符号标识的候选人匹配下的结果进行比较，@符号标识的匹配将让赛义德和加利福尼亚大学圣迭戈分校都更满意。因此，尽管伊莱恩和哈佛大学可能很满意，但赛义德和加利福尼亚大学圣迭戈分校都有动机偏离或反对他们被指定的匹配（分别是哈佛大学和伊莱恩），并互相选择进行匹配。没有这种潜在缺陷的解决方案称为稳定匹配。候选人和医学院可以反复地从当前建议的匹配安排中申请调整，这样稳定匹配才不会面临被推翻的风险。

稳定匹配在概念上非常类似于纳什均衡。由于市场的供需两侧自由选择的性质，现在两个当事方（候选人和医学院）若能得到一个双方都满意的匹配结果，一定会一起背离当前的匹配。而且，就像纳什均衡一样，稳定匹配也绝对不会使每个人都对结果感到满意。分配到喜欢的医学院序列的第 117 位的候选人可能并不满意，但是就像纳什均衡一样，候选人对此无能为力而且必须接受的原因是，其所喜欢的前 116 家医学院都已经有了它们本身更加心仪的候选人。以稳定匹配方式配对的候选人和医学院彼此都必须接受。稳定匹配是解决此类配对或分配问题的直观解决方案。当然，任何不是稳定匹配的解决方案都容易出现背叛，因此存在问题。从某种意义上讲，它也是一个帕累托最优解决方案。没有办法使任何人的生活变得更好，同时也不会使其他人的生活变得更糟（类似于第 2 章中讨论的准确性与公平性的帕累托曲线）。

与本章中的其他主题一样，稳定匹配具有悠久的历史，也存在快速求解的算法。这至少可以追溯到 1962 年大卫·盖尔（David Gale）和罗伊德·沙普利（Lloyd Shapley）的开创性工作。所谓的盖尔-沙普利算法非常简单，在维基百科上有一段简单的英文概述，将其生动形象地描述为维多利亚时代未婚男女如何匹配成双：

（1）在第一轮中，每个未订婚男子都向他最喜欢的女士求婚，然后每个女士对她最喜欢的求婚者回答"也许"，对其他所有求婚者回答"否"。然后，她暂时与到目前为止最喜欢的求婚者订婚，而那个求婚者也同样暂时与她订婚。

（2）在随后的每个回合中，每个未订婚的男子向他之前尚未提出过求婚的女士中最喜欢的女士求婚（无论该女士是否已订婚），若该女士当前未订婚，或者她相对于目前的临时伴侣更喜欢此求婚者（在这种情况下，她会拒绝掉当前临时伴侣，恢复到未订婚的状态），她对此求婚者回答"也许"。订婚具有临时性质，保留了已订婚女士"换人"的权利（并在此过程中，"甩掉"她之前的伴侣）。

（3）重复此过程，直到每个人都已经订婚。

盖尔-沙普利算法具有两个非常好的属性。首先，无论喜好如何，每个人都有机会匹配到伴侣（前提是男女人数相等，并且他们不认为某个潜在的伴侣绝对不能接受。这就好比无论去哪个医学院，每个医学学生都确定想做住院医师）。其次，在上述意义上，算法计算出的匹配结果是稳定的。对于男女（或学生和医学院）数量不相等，或者男女一方可以接受不止一个伴侣（如在医疗机构中可以接收不止一位医师）的情况，推广后的算法也都存在。这些算法在实际中得到广泛应用，包括适用于真实案例中分配住院医师，以及其他竞争性录取的场景。例如，将学生匹配到公立高中，将申请入会者匹配到大学联谊会等。（相比之下，美国大学本科生的录取通常以更加随意的方式进行，从而引发了针对招生办公室的博弈技巧的各种实验，例如，早期决策、早期行动、是否需要标准化考试、附加论文，以及其他类似内容。所有的这些都可能让申请者及其父母感到精疲力尽和沮丧。）

现实世界中，算法匹配最引人注目的应用之一（实际上已挽救了很多生命）是肾脏捐赠的匹配问题。每年都有许多肾病患者在等待移植供体的过程中死亡。供体的血型必须与受者的血型相容，以保证具有生物学上的可行性。这一事实使问题更加严重（还有其他多种医学兼容性限制）。我们可以将捐赠者的血型和生物学特征视为对接收者的"偏好"形式——捐赠者"更愿意"捐赠给兼容的接受者，而不是不兼容的接受者。同样，接受者更喜欢从兼容的捐赠者那里接受移植。

尽管有许多细节使此问题比住院医师匹配更复杂，但还是有一些实用的、可扩展的算法。这些算法可以最大程度地提高解决方案的效率，此处的效率意味着最大化全球范围内（理想情况下是所有医院，而不仅仅是一个医院）发生的兼容移植的总数。阿尔文·罗斯（Alvin Roth）对这个问题（以及我们提到的其他问题，包括住院医师匹配）有着算法和博弈论的深入理解，他努力说服了医学界，来整合他们的移植供体、接受者和数据，这是非常有价值的。因为这项工作，他与上面提到的罗伊德·沙普利一起获得了 2012 年诺贝尔经济学奖。罗伊德·沙普利在早期工作中开创了算法匹配的时代。

3.17　算法思维博弈

现在，我们已经看到了，在各种各样的现代场景中（以及潜在的未来场景，如自动驾驶汽车），博弈论建模可以针对大量个人或机构具有复杂和潜在的竞争偏好的问题，提供概念指导和算法解决方案。所提出的算法在某种意义上具有社会意识，尽管它们并不完美，但它们试图以一种符合社会期望为目标的方式来调节这些偏好，例如效率（如集体通勤时间低）、多样性（如新闻推荐）或稳定性（如匹配）。

博弈论的一种相当不同且较新的作用是用于算法的内部设计，而不是用于管理外部用户群的偏好。在这些应用中，算法不会帮助解决诸如通勤之类的实际人类博弈，而是出于自身的目的，以算法的"思维"来进行博弈。

这种想法的一个早期例子是，在棋盘游戏中使用机器学习进行自我博弈。尝试设计一个最佳的西洋双陆棋游戏计算机程序，方法之一是认真思考西洋双陆棋策略、概率等，以及在任何给定的棋盘配置中决定走哪一步的手工代码规则。你可以尝试用计算机代码表达和传授你理解的所有双陆棋智慧。

有种与众不同的方法是先从一个了解西洋双陆棋规则的程序开始（在给定的配置中怎样走棋是符合规则的），但最初对西洋双陆棋策略一无所知（只知道游戏规则，不知道怎样才能玩好）。这个程序的初始版本可能只是在每一轮的合法动作中随机选择，即使是针对新手玩家，这肯定是一种失败的策略。但是如果我们让这个最初无比简单的程序自适应，也就是说，如果它的策略实际上是一个模型，将棋盘配置映射到可以通过经验调整和改进的下一步动作，那么我们可以获取这个程序的两个副本，并通过互相博弈来同时改进彼此。通过这种方式，我们将玩西洋双陆棋变成了一个机器学习问题，并通过使用模拟自我博弈提供必要的训练数据。

这个简单而精妙的想法最初是由 IBM 研究院的盖瑞·特索罗（Gerry Tesauro）于1992 年成功应用的，他的自训练 TD-Gammon 程序达到了堪与世界上最优秀的人类相媲美的游戏水平。（"TD"代表"时间差异"，是一个技术术语，指的是在西洋双陆棋等游戏中，反馈被延迟的复杂性。你收不到有关每个动作是好是坏的及时反馈，只有等赢得或输掉整个比赛时才知道。）在过去的几十年中，模拟自博弈已被证明是一种强大的算法技术，可用于设计各种游戏的冠军级程序，包括最近针对 Atari 电子游戏，以及众所周知的古老且难度较高的围棋游戏。

如果我们的目标是实际创建一个好的游戏程序，那么很自然地，内部自博弈是一种有效的设计原则。近期有一个更令人惊讶的进展是外在目标可以与游戏完全无关，在算法中也可以使用自博弈。考虑这样一个设计计算机程序的挑战，该程序可以生成猫的逼真合成图像。后文将解释人们可能对这个目标感兴趣的原因，除了出于对猫的狂热喜爱之外。与西洋双陆棋一样，一种方法是知识密集型的，我们会收集动物学专家的意见并研究猫的图像，以了解猫的颜色、生理特征和姿势，并尝试在生成随机、逼真的猫图像的程序中对所有这些专业知识进行编码。这种方法，我们甚至不知道该从何处着手。

另一种方法，我们可以再次采用模拟的自我博弈。整体上的想法是发明两个玩家之间的博弈，我们将其称为"生成器"和"鉴别器"。生成器的目标是创建或生成猫的逼真合成图像（如图 3.5 所示）。为鉴别器提供一个由生成器生成的假猫图像及大量的真猫图

图 3.5　生成对抗性网络（GAN）通过 https://ajolicoeur.wordpress.com/cats 创建的猫的合成图像

像，目的是让它可靠地区分假猫图像和真猫图像。鉴别器实际上可以是一种标准的机器学习算法，其训练数据将真猫图像标记为阳性实例，将假猫图像标记为阴性实例。但是，与 TD-Gammon 一样，至关重要的是两个参与者都具有自适应性。

在游戏开始时，生成器博弈能力很弱（水平相当于从来没有见过任何真猫图像的人），创建的图像看起来像是随机的像素集合。因此，鉴别器的任务是非常容易的，只需要区分出真猫和乱码。但是在第一轮之后，一旦鉴别器对生成器第一个模型生成的图片进行了评价，生成器就会修改该模型产生的假猫图片，从而使鉴别器对真猫图像与假猫图像的区分更困难些。这反过来又迫使鉴别器修改其判断模型来解决这个稍微困难的问题。我们继续这种来回往复的循环。如果两个玩家都成为各自任务的专家，则生成器会创造出令人难以置信的逼真的猫的合成图像，鉴别者可能比人类更能将合成的假猫图像与真猫图像区分开。但是，如果生成器善于学习，变得足够强大，那么对于鉴别器而言，这显然会是一场失败的游戏。

我们一直在描述的算法框架的技术名称是生成对抗网络（GAN），而我们上面提及的方法确实非常有效。GAN 被称为深度学习的技术集合的重要组成部分，在机器学习中对图像分类、语音识别、自动自然语言翻译和许多其他基本问题进行了质的改进。［图灵奖被誉为是"计算机科学界的诺贝尔奖"。近期，约舒亚·本吉奥（Yoshua Bengio）、杰弗里·辛顿（Geoffrey Hinton）和扬·莱坎（Yann LeCun）三位学者因其对深度学习的开拓性贡献而被授予图灵奖。］

但是，在所有关于模拟自博弈和假猫图像鉴别的讨论之后，我们似乎已经偏离了本书的核心主题，即社会规范和价值观与算法决策之间的相互作用。但是，最近的研究表明，这些相同的技术，实际上在性能更好的伦理算法的设计中也可以发挥核心作用。

例如，回想一下我们在第 2 章中对"公平性细分歧视"的讨论，尽管建立了一个不会分别单独歧视性别、种族、年龄、残疾或性取向的模型，但最终的模型还是存在歧视，会不公平地对待年龄在 55 岁以上年收入不足 50000 美元的有残疾的西班牙裔的女性。这只是机器学习的另一个实例，它不会"免费"给用户一些用户没有要求的东西。我们在该章中简要提到过，该问题的解决方案之一涉及一种算法，该算法模拟了想要最大程度减少错误的学习者与调节器之间的博弈，该调节器不断面对当前模型下遭受歧视的子群体来反对学习者。这是模拟博弈作为算法设计原理的另一个示例，其中调节器代替了西洋双陆棋程序或猫的生成器。在这里，调节器的目标（公平性）与学习者的目标（准确性）会相抵触，其结果（实际上是精确定义的博弈的纳什均衡）将是两者的折衷方案（正如所希望的那样，同时达到公平性和准确性的要求）。

同样，博弈论算法设计也被证明可用于差分隐私。例如，虽然可能没有太多动机来产生假猫图像，但我们能看到很多真实的应用，比如有充分的理由来伪造看上去逼真但实际上是假的或合成的医疗记录。在这种情况下，由于隐私问题，通常不能广泛共享真实的病历，但这种限制会损害科学研究。GAN 的一项最新应用就是生成高度真实的病历集，这些集可公开用于研究目的，同时保护了用于训练 GAN 的患者真实病历的个人隐私。这是再次通过将算法构架视为博弈来实现的，该生成器希望使合成数据集尽可能多地保留真实数据集的特征，而鉴别器则希望指出它们之间的差异。只要鉴别器会进行差分隐私的运算，生成器生成的合成数据也将保护隐私。因此，当 GAN 处于初期阶段时，科学家们就已经开始为这个技术寻找重要的应用（不仅仅是合成猫的图像）。

3.18 科学家（使用数据）进行博弈

本章的大部分内容探讨了人们可能会相互冲突的偏好设置，以及算法可以在其调解和管理中发挥作用的方式（无论好坏）。这些"游戏"中的许多都涉及日常活动，如开车或购物，而有些则更为专业，如住院医师匹配。

我们这里介绍最后一个研究案例，其中的参与者可能不会认为自己是复杂博弈中的玩家，他们实际上确实如此。在现代科学研究的领域，尤其是在快速发展的一些学科中，数据分析和预测建模在其中扮演着越来越重要的角色（当然，其中包括机器学习本身）。这个"游戏"的参与者是数据驱动领域的教授、研究生和行业研究人员。他们的动机包括发表新颖而有影响力的研究结果，这通常需要改进某些定量的指标，如在基准数据集的错误率或先前实验和分析的结果。每个新发表的论文都会影响随后的数据收集、建模以及科学界做出的选择。在这种博弈中，即使是细心的科学家也可能会不小心参与到不良的均衡中，在均衡中整体过度拟合广泛使用的数据集，从而导致虚假和错误的"科学"发现。

这是一项值得单列一章来进行详细描述的内容。

4　迷失花园：数据导引的歧路

4.1　过去的性能无法保证未来的回报

想象一下，有一天你醒来查看电子邮件，在收件箱中等待你的一封邮件的标题是"热门股票提示"。在邮件里，你发现它给出了一个预测：最近上市的乘车共享公司（NAS-DAQ，股票代码：LYFT）的股票将在今天收盘前上涨，应该现在赶紧买一些！当然，你不会接受此建议，可能还会好奇，它是如何逃过垃圾邮件过滤器的？但是这个预测的内容非常具体，你可能记住了它，并且在市场收盘后察看财经数据。果然，LYFT 的股票今天收盘上涨。有趣的是，这个预测的准确并不让人出乎意料，如果发件人仅通过投掷一枚硬币来猜测，也有一半的概率预测中股票的涨停趋势。

第二天，你又收到同一个人的另一封电子邮件。发件人告诉你 LYFT 这一天会下跌，你应该卖掉它。当然，你又没有听发件人的，不过这又使你加深了印象。在这天快要结束时，你很惊奇地发现发件人的预测又是正确的，LYFT 下跌了 5% 以上。再之后一天，你再次收到一封新的电子邮件，邮件预测 LYFT 将再次下跌。这样的情况持续了十天，发件人每天发邮件给你，每天都准确地预测了股票的涨跌。

起初，你只是好奇，但现在你开始真正地关注这个事情了。前几天，你怀疑发件人可能是 LYFT 员工，非法泄露了内部信息。但是你随后发现，实际上并没有任何新闻或事件可以支持你的这种怀疑，而且也无法解释股票市场会出现的随机波动。随后，在第 11 天，发件人通过电子邮件向你发送了请求，希望你付费给他，以便他继续为你提供股票推荐。他说，他会收取高额费用，但这些是值得的。毕竟，他已经免费为你展示了他在预测股票走势方面的卓越才能。

现在，需要花时间认真考虑了。你是否应该认为目前的连胜记录，可以说明他的预测是值得相信的？如果你之前接受过统计学的科学训练，可以来考虑制订一个零假设，然后看看是否可以令人信服地否定它。你的零假设是,这个家伙在预测股票走势方面的准确率并不比在任何特定日子抛硬币的准确率更高,他正确预测 LYFT 股票涨或跌的概率是50%。你继续计算与你的零假设相对应的 p 值——如果零假设为真,会观察到非常极端事件的概率——连续十次正确的预测。这里,如果发件人在任何一天只有50%的概率获得正确答案,那么他连续十天都可以得到正确答案的机会仅为 0.0009(p 值),即为连续十次投硬币,每次都正面朝上的概率。这个值非常小——远低于 p 值的 0.05 阈值。这个阈值通常被视为科学文献中结果具有统计意义的标准。因此,在运用了科学训练带来的分析后,你决定抛弃之前的怀疑态度,拒绝零假设,你认定发件人实际上非常擅长预测股票动态,并支付了他要的费用。按照他的承诺,你会继续从他那里获得每日股票动态预测。但是,现在似乎情况有所不同了,他的预测正确和错误的概率变得差不多。现在,他的预测的准确率甚至还比不上掷硬币。

什么地方出了错?你受到的科学训练在这里为何不奏效了?这个电子邮件诈骗的关键是"规模大"和"适应性"。你没有考虑到的事实是,发件人不仅向你发送电子邮件,而且向许多其他人也发送了电子邮件。以下是电子邮件诈骗的工作原理。第一天,诈骗者向100万人发送电子邮件,这是"规模大"的体现。一半的电子邮件预测股票会上涨,另一半预测股票会下跌。无论事实是什么情况,一半接收者收到的预测都将是正确的。诈骗者不会再向发送错误预测的人发送电子邮件了,因为他已经失去了那些人的信任。第二天,诈骗者向50万个人发送电子邮件,前一天这50万人都收到过他的正确预测。这次的邮件和上次一样,他对一半人预测股票会上涨,而对另一半人预测股票会下跌。诈骗以这种方式继续,诈骗者每天向一半的目标发送正确的预测,并放弃那些收到了错误预测的接收者,这是"适应性"的体现。

十天结束时,还剩下大约1000人连续收到了十个正确的预测。诈骗者向这些人(而且只向这些人)发出最后的收费请求。这些人中的每一个人都很可能认为,如果只是随机猜测,连续多次做出正确预测的可能性很小,进而可能会被骗。但事实是,无论股市发生什么,诈骗者都保证,他能够像之前那十天一样做出精确预测的奇迹般的表演。诈骗者得到连续十个"预测"正确的机会并不小(其实是100%肯定的),总会有大约1000人最终会收到付费请求。为了有助于理解,可以将这种骗局可视化为预测结果的树状图(如图4.1所示)。在这棵"树"的根部(或顶部)是该骗局的最初100万潜在受害者。通过随机划分,有50万人会在第一天收到"上涨"的预测(左分支),另外50万人收到"下跌"的预测(右分支)。根据第一天股市的实际涨跌结果,这两个分支之一终止(收到错误预测的分支,以后再也不联系了),另一分支下一天继续细分,直到产生进入最终一轮的潜在受害者。因此,事后看来,该骗局恰好是穿过一棵大树的一条路径，该路径由每天实际发生的股票涨跌来确定。

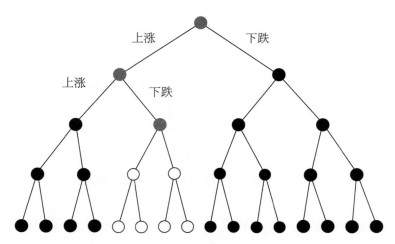

图 4.1 股市电子邮件欺诈中预测结果的树状图

注：树状图的每一层代表一天，灰色顶点的路径表示到目前为止股票的真实涨
跌情况。树的叶子代表了骗局的目标，黑色的叶子表示已经收到过不正确预
测的人，白色的叶子表示到目前为止依然收到的 100% 正确的完美预测的人。

由于"规模大"和"适应性"而导致的有缺陷的统计推理的危险，并不如人们想象或希望的那么罕见。对冲基金（可能是无意地）集体参与了与我们的电子邮件骗局中发件人策略大体相似的报告做法。与投资银行和共同基金相比，美国对冲基金的监管非常宽松。特别是，他们不需要向任何政府机构或公共数据库报告其业绩，如果他们愿意，也可以选择报告。当表现不错时，主动报告其表现可能有助于吸引新的投资者。但是，当一只基金表现不佳时，它有强烈的动机不报告其业绩。造成的结果是，公开报告的对冲基金业绩往往高估了对冲基金的整体回报，就像我们的电子邮件骗局一样，该报告具有选择性。2012年的一项研究表明，对冲基金的自愿报告偏差很大，可能其整体收益率被高估了 60%。

这些危险不仅限于电子邮件诈骗、对冲基金和其他营利性企业。实际上，正如我们将在本章中看到的那样，这些问题也普遍存在于现代科学研究中。

4.2 力量姿势、开创性和红酒

p 值和对冲基金对你来说可能是陌生的,但是你可能曾收到由某个易受骗的朋友转发的链接,或者曾在社交媒体上看到了一些宣称最新的科学发现将永远改变生活的一些文章。文中也许会提到想要长寿,就应当多喝(或少喝)红酒,多吃(或少吃)巧克力,寻找石榴、绿茶、藜麦、巴西莓或最新的其他"超级食品"。

如果你想在下一次面试之前增强信心,该怎么办?你所关注的社交媒体帖子之一可能与艾米·库迪(Amy Cuddy)2012 年 TED 演讲有关,如今这个很有名的演讲被称为"你的肢体语言可能塑造你的身份"(如图 4.2 所示)。该演讲视频被观看了超过 5000 万次。在视频中,库迪建议花两分钟来保持"力量姿势"(如"神奇女侠"),将双手放在臀部,抬起下巴。这样不仅会增强自信,还会导致可测量的生理变化,包括睾酮增加和皮质醇减少。视频中提供的信息看起来令人信服,库迪说:"两分钟导致这些荷尔蒙改变,使你的大脑变得自信和自在。"

这样一个小小的姿势就能使人的大脑发生改变,也许这并不令你感到惊讶。多年来,你可能一直在阅读诸如此类的信息。例如,1996 年进行的一项著名的开创性研究表明,如果一个人经常阅读与老年人相关的单词,例如"皱纹""佛罗里达"或"宾果游戏",他之后就会走得更慢。随后,进行了更多此类研究。例如,看到美国国旗将使人更倾向共和党的政治立场,在屏幕上看到麦当劳的品牌标志(即使是很短的时间,甚至根本无法识别出它)会使人感到不耐烦。

乍一看,这些说法似乎都令人难以置信,但每一项都得到公开发表的科学研究的支持。所以,我们应该选择相信他们,是这样吗?

图 4.2　2011 年的大众科技会议上，库迪在
"神奇女侠"前展示力量姿势

图片来源：维基百科。

4.3 科 学 游 戏

导致受害者被电子邮件骗局欺骗的错误推理,也同样困扰着科学文献。斯坦福大学医学与统计学教授约翰·约安尼迪斯(John Ioannidis)在 2005 年的一篇文章中声称"大多数已发表的研究发现都是错误的"(这也是该论文的标题)。在再次求助于算法解决方案之前,我们先探究造成这一问题的几种原因。科学发现的算法化加剧了这个问题。

与电子邮件诈骗一样,科学中错误发现的关键也是结合了规模大和适应性两个方面。规模大,仅仅来自在相同数据集上反复进行的研究数量。我们正在讨论的问题非常普遍,对医学研究的影响与对机器学习的影响一样大。但具体而言,让我们考虑一下富含巴西莓成分的食物是否能让老鼠活得更长的问题。作为一个粗略的类比,你可以将测试实际上对延长寿命没有任何作用的"超级食品"视为反复掷硬币的过程。平均而言,无法期望老鼠的寿命会因为食用了"超级食品"而更长,虽然在实验中它们很可能寿命更长,但其实这个结果只是偶然的。在这个类比中,期望在投掷十个硬币后会得到五个正面,但你可能碰巧在特定顺序的硬币投掷中偶然观察到更多正面。如果这些硬币投掷的次数足够多(因为偶然性,可能有足够多的老鼠活到比预期的基线寿命长得多),那么就会误导你已经找到了有希望的新的"超级食品"。但是,当然,如果你用一批新的老鼠重新进行实验(如同去重新投掷同一枚硬币十次以上),则没有理由期望"超级食品"会对老鼠的寿命产生任何影响。

幸运的是,如果你连续进行十次硬币投掷,那么几乎不可能连续看到十个硬币都是正面,这就是为什么我们通常可以将过去的表现作为未来结果的良好预测指标,而不担心为不太可能的变化所误导。但是,正如我们在电子邮件骗局示例中看到的那样,如果重复进行 100 万次实验,那么将有近 1000 次的机会看到连续十次正面这种罕见的事件发生。如果可以提供所有实验的结果,这本身就也不是问题:连续十个正面的小概率出现不会让你怀疑硬币本身是否有偏差(即使是结合了上下文,或者混合在普通随机的序列海洋中)。但是,如果仅选择性地共享"有趣的"结果,则实验的总量过大可能成为问题的来源。这是适应性发生影响的部分。

重复执行相同的实验,或在同一数据集上重复运行不同的统计测试,但随后仅报告最有趣的结果，称为 p 值操纵（p-hacking）。这项技术可供科学家（有意识或无意识地）使用，使其结果看起来更有意义（请从本章开始牢记，p 值是统计意义的常用度量）。这不是统计学意义上有效的做法，但是受到现代科学期刊机构的鼓励。这是因为并非所有科学期刊都是平等创建的：和生活中的其他大多数事物一样，某些期刊被认为具有比其他期刊更高的地位，研究人员希望在这些更好的期刊上发表论文。在这些业界更富声望的期刊上发表论文将使研究人员在求职或晋升的时候受益。同时，享有盛誉的期刊希望保持其较高的地位，也希望发表包含最令人惊讶的成果并且将被多次引用的论文。这些往往不能是负面结果。例如，若食用枸杞能使马拉松运动员跑得更快，全世界都将关注这件事。若食用枸杞对运动表现没有影响，就不会有任何头条新闻会去关注这件事。

这是我们在第 3 章中讨论的博弈论意义上的博弈，在均衡时，享有盛名的期刊变得有高度选择性，会拒绝大多数论文投稿。在这个游戏中，研究人员有巨大的动力去寻找看起来具有统计学意义的结果。同时，研究人员不必花时间和精力在他们认为不会被知名期刊发表的项目上。负面结果（如无效治疗的报告）的研究论文不会在声望很高的期刊发表。导致的结果是即使没有个别研究人员或团队明确使用 p 值操纵，发表的论文也代表了已进行总体研究的极度偏差的子集。我们经常能看到有令人惊讶的违背日常认知的实验报告，但几乎很少看到完全符合常识推断的实验报告。这使得很难判断这样的报告发现的是科学事实，还是运气不佳。

并且请注意，这种影响并不需要个别科学家采取任何不良行动，因为他们可能都遵循适当的统计习惯。我们不需要一个科学家进行 1000 次实验，而错误地报导其中一个实验的结果，因为如果 1000 个科学家每人仅进行一个实验（每个实验都是真实的），而最终只有一个令人惊讶的结果会被发表。

4.4　机器学习的竞赛运动

p 值操纵的危险绝不仅限于传统科学，还扩展到了机器学习。麻省理工学院的教授桑迪·彭特兰（Sandy Pentland）在《经济学人》上被引述说："根据一些估计，机器学习领域已发表的四分之三的科学论文是多余的。"来看一个特别糟糕的例子。回到 2015 年，当时机器学习人才市场正在升温。深度学习技术刚刚从相对低潮的状态中重新崛起（其先前又被称为神经网络中的反向传播，在本书引言中已有讨论），在计算机视觉和图像识别方面取得了令人印象深刻的结果。但是，还没有多少专家擅长于训练这些算法。这使得深度学习更像是一门黑魔法，或者说是一种手工艺，而不是一门科学。这使得深度学习专家在华尔街享有高额薪水和签约奖金。但光靠钱还不足以招募人才（如顶尖研究人员想要在其他顶尖研究人员所在的地方工作），因此，人工智能实验室如果想要招募高级人才，必须让这些人才认可这个人工智能实验室已经处于世界最前沿的位置。在美国，前沿的人工智能实验室包括谷歌和脸书等公司。

做到这一点的方法之一是，在备受瞩目的比赛中击败那些大公司。ImageNet 挑战赛是一个绝佳的机会，它完全专注于让深度学习成为头条新闻的视觉任务。竞赛要求每个参赛团队的计算机程序将图像中的对象分类为 1000 个不同且高度特定的类别，包括"皱褶蜥蜴""带状壁虎""示波器"和"反光照相机"等。每个团队可以在一组 150 万张图像的数据集上训练算法，比赛组织者可以将这些图像提供给所有参与者。训练图像带有标签，从而可以告诉学习算法每个图像中包含哪种对象。这些竞赛在近年来数量激增。我们已经提到过两次的网飞竞赛是一个早期的例子。诸如 Kaggle（现在实际上是 ImageNet 挑战赛的主办方）之类的商业平台提供了数据集和竞赛（如图 4.3 所示），其中一些给获胜的队伍提供 10 万美元的奖金。竞赛包含数以千计的多样、复杂的预测问题。机器学习已经真正成为了一类竞赛运动。

根据对训练图像的分类程度，来对 ImageNet 挑战赛的参赛者进行评分是没有意义的。毕竟，一种算法可以简单地记住训练集的标签，而无须学习用于分类图像的任何通用规则。所以，评估参赛者的正确方法是查看他们的模型对他们从未见过的新图像进行分类的程度。ImageNet 挑战赛为此预留了 10 万个"验证"图像。但是比赛组织者还希望给参赛者一种方法，以考查他们自己的表现如何。因此，他们允许每个团队通过提交当前模型，并被告知对验证图像进行正确分类的概率来测试其进度。比赛组织者知道这会冒着泄露有关验证集的信息的风险。为减轻这种风险，比赛限制每个团队每周最多检查两次他们的模型。

参赛者之一是中国搜索引擎巨头百度，当时它渴望成为人工智能领域的领先者。在比赛进行过程中，百度宣布已开发出一种新的图像识别技术，领先于更成熟的竞争对手，如谷歌。当时参赛的百度科研人员表示："我们的公司现在在计算机智能领域处于领先地位……我们的力量，比竞争对手要强大得多。"

但最终结果表明，百度参赛队有作弊的嫌疑。他们创建了 30 多个假账户来规避竞争规则，即他们每周只能验证两次模型这一规则。实际上，他们总共提交了 200 多个测试，包括在 2015 年 3 月 15 日至 19 日之间的 5 天内进行了 40 个测试。通过这样做，他们能

图 4.3　在 Kaggle 商业平台上托管的机器学习比赛的部分列表

注：其中许多比赛为获胜的团队提供了丰厚的奖金。

够测试一系列略有不同的模型，这些模型逐渐更适应验证集并且似乎在稳步提高其准确性。但是由于作弊，无法判断他们是真正取得了科学进步，还是只是利用漏洞来获取所谓的"保密"验证集的信息。

由于这种违规行为，百度被 ImageNet 挑战赛禁赛了一年。百度公司撤回了其报告成果的科学论文，团队负责人被解雇了。百度没有在人工智能人才竞赛中取得优势，反而使其在机器学习社区中的声誉有所影响。但是，为什么测试太多的模型被认为是作弊呢？创建假账户如何能帮助参赛队看起来比实际拥有更好的学习算法呢？

4.5 邦弗朗尼校正和百度

至少从 20 世纪 50 年代开始,就有了一些可以减少所谓"多重比较问题"风险的方法,该问题指进行许多次实验但是只报告其中"有趣的"实验结果。这是一个简单的想法,如果某个事件(如掷硬币 20 次时连续出现 20 个正面)在单个实验中仅以很小的概率 p(如百万分之一)发生,那么如果我们做 k 次这样的实验,至少一次实验发生该事件的概率为 $k \times p$。在这里,我们只是将 k 个实验中的每一个概率 p 相加。如果在示例中,我们执行 k 为 100 万次实验,则 $k \times p$ 将为 1.0,这说明很有可能会连续看到 20 个正面。因此,多重比较问题的一种解决方案是,我们不应报告仅进行一次实验的结果的概率,而应将此数字乘以 k。毕竟,如果要报告某个事件,那么(在无任何欺诈行为的情况下)它必须在 k 次尝试中至少发生过一次。

这个方法称为邦弗朗尼(Bonferroni)校正,以意大利数学家卡洛·埃米利奥·邦弗朗尼(Carlo Emilio Bonferroni)命名。保守地说,如果 $k \times p$ 的值小,则假设统计显著性相对安全,而如果 $k \times p$ 的值大(如上例所示),结果可能仍然显著,但校正会警告不要做这样的假设。该方法隐含地假设研究人员选择了最容易引起误解的结果,但是从允许进行统计上有效的推断的意义上来说,它是"安全的"[①]。

如果我们仔细研究一下数学原理,对百度声称在 ImageNet 挑战赛中获得比谷歌更高的准确性进行邦弗朗尼校正(对公司实际提交的模型数量进行了校正),我们似乎仍然有足够的证据可以证实其说法。那是什么问题呢? 这是该方法学带来的一个重要警告:仅在查看数据之前预先选择了我们正在测试的假设(在这种情况下,特定模型的准确性是否超过谷歌的基准),邦弗朗尼校正才有效。如果不是这种情况,它可能会产生灾难性的失误让我们大失所望。通过邦弗朗尼校正可避免的虚假发现如图 4.4 所示。

[①] 这可能比较贴近现实,一个年轻的研究人员当然希望能展示他所发现的显然最准确的方法,但同时这个方法可能也最容易误导其他研究者。

图 4.4　通过邦弗朗尼校正可避免的虚假发现

图片来源：https://xkcd.com/882。

4.6　适应性的危险

　　邦弗朗尼校正的假设是，正在测试的模型是在看到数据之前选择的，而不是根据数据自适应选择的。正是后一种情况在精确的技术意义上呈现出指数级的更大的方法学危险——也是在机器学习标准实践的意义上。这是一个说明适应性如何能严重让人误入歧途的例子。假设我们想训练一个机器学习算法来预测什么样的读者可能会购买一本《算法伦理：社会感知算法设计的科学》。我们的数据集包含 1000 个有机会购买这本书的人的历史记录。他们中的一些人最终买了，而另一些人最终没有买。这些决定作为标签记录在数据中。每条记录还包含有关问题中个人的各种信息——为简单起见，我们假设这些信息只接受"是"或"否"的答案。收集很多特征来解决机器学习问题很容易，所以让我们假想一下，已经这样做了，且很可能其中很多都不是很有用。例如，一项特征可能会记录潜在客户汽车的加油口是在左侧还是右侧，另一项特征可能是这个人的生日是否在 1 月和 6 月之间，还有一项特征可能是该人姓氏单词包含的字母数是偶数还是奇数。我们的数据集可能包含数千个这样的特征。

　　请记住，这些表面上毫无意义的特征不需要预测标签。事实上，我们得到的是如果它们不预测可能会发生什么。想象一下，所有这些特征都同样可能随机取是或否，并且彼此完全不相关。现在对标签做同样的假设，人们通过掷硬币来决定是否购买这本书。因此，在现实中，这些特征根本没有预测价值。我们如果发现一个分类器的预测性能似乎比抛硬币更好，那么就是在误导自己。我们应该如何开始分析这个数据集？一件很自然的事情就是简单地检查每个特征是否与购书行为相关。例如，如果客户姓氏中的字母数是奇数，我们可以检查客户购买这本书的可能性有多大。另外，如果客户的生日在上半年，我们可以检查客户进行购买的可能性有多大，以此类推。

　　由于我们的数据集中有 1000 人，我们预计这些简单的数据切片方法中的每一种都将包含大约 500 人，其中大约一半的人会偶然购买这本书。但是，通常当我们抛 500 个硬币时，我们不会得到正好 250 个正面。我们数据集中的一些特征将与我们数据中的图书购买决策轻度相关——例如，也许在姓氏中字母数是奇数的人中，有 273 人购买了这本书。其他特征将被证明与图书购买决策有轻微的负相关。在今年上半年过生日的人中，可能只有不到一半的人做出了购书选择。以这种方式继续下去，我们可以注意到每个特征是否与标签相关或负相关。

应该如何处理这些相关信息？自然应该将其组合到以下模型中：对于每个客户，我们将计算其特征中有多少取值与购书行为正相关，有多少取值与购书行为负相关。如果正相关值多于负相关值，可预测其会购买这本书，否则预测其不会购书。

这就是适应性潜入的地方。因为我们的模型是否会在等式的"购买"或"不购买"方面计算特定特征值取决于我们对数据集提出的问题。具体来说，我们的相关性在同一数据集中测量，每个特征一个。这个非常自然的想法实际上与真正的机器学习算法（例如"bagging"和"boosting"）所做的将弱相关性组合成强大的预测模型相去不远。

不幸的是，这种听起来合理的方法很快就会使我们误入歧途。如果你尝试使用足够多的特征，就会发现你似乎得到了一个接近完美准确度的分类器，几乎能够确定预测谁会买这本书，只要你在相同的数据集（用来训练）上测量你的分类器的性能。当然，我们知道在新的客户数据上，这个分类器不会比随机猜测做得更好，因为客户只是通过掷硬币来决定购买行为。更糟糕的是，如果你对实际提出的问题数量应用邦弗朗尼校正，问题是"这个特征是否与标签相关"。对于数据中的每个特征，它似乎仍然可以证实分类器具有令人印象深刻的准确性。

4.7 未选择的路

发生这种情况的原因是在构造分类规则时，我们通过询问各个特征相关性来使用从数据集中"偷看"到的信息。即使我们测试的特征并没有与我们试图预测的标签真的成正相关或负相关，我们还是了解到它们在特定数据集中是否与标签存在着微弱的相关。因此，如果我们在数据集中随机选择一个人，以及偶然与他的购书行为微弱相关的一个特征，那么这个人的购买行为就很可能会用这个神秘的特征来进行解释，但这仅仅是因为我们发现这个特征与正在测试分类器的相同数据中的标签相关联。将这些特征组合在一起会综合每个特征所具有的小优势，最终导致分类器看起来很完美。尽管最终除了将数据中的噪声拟合之外，它什么也没做。应注意，我们描述的过程没有任何恶意。实际上，从数据中学习似乎是一种非常合理的方法，首先找到对标签的预测能力较弱的特征，然后以聪明的方式将它们组合起来。这就是为什么在机器学习竞赛中需要限制参赛者，让他们不能够反复查询验证数据的很重要的原因。这也就是为什么在经验科学中很重要的一点是，在提出我们的假设时，即使我们认为行动合理，也不应该允许自己过多地访问数据。不需要主观故意，就可以很容易出现 p 值操纵的情况。

这个例子中的问题，实际上与本章开始时所描述的电子邮件骗局密切相关。为了更好地理解正在发生的情况，请考虑图 4.5 中的决策树状图。你或许还记得，在我们对电子邮件骗局的讨论中使用过树状图。圆圈被称为"顶点"，顶部的圆圈被称为"根"，底部的圆圈被称为"叶子"（这和自然界的树是上下颠倒的——计算机科学家显然没有足够的时间离开办公室看到真正的树木）。

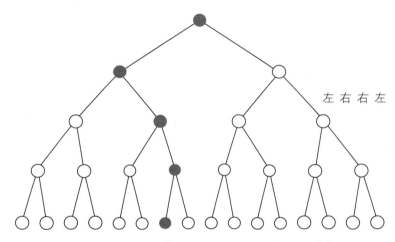

左 右 右 左

图 4.5　说明自适应数据分析和 p 值操纵危险的树状图

注：树状图的每一层对应于可以与标签成正相关（左）或负相关（右）的特征。灰色路径（左右右左）表示相关性测试的结果。每片叶子对应一个分类器，每个分类器是通过一系列相关性测试得出的。

想象一下，树状图的每一层都对应于我们数据集合中的特征之一。对于每个特征，我们都会询问它是否与标签成正相关或负相关。如果成正相关，则选择树的左分支；如果成负相关，则选择树的右分支。当我们到达路径的尽头（树的叶子）时，我们已经收集了足够的信息来构造分类器。这个分类是一个多数投票的过程，用以查看示例中是否具有更多成正相关或负相关的特征的值。由于每片叶子对应于沿着树的不同路径，每片叶子对应于我们已经得到的不同分类算法。

如果我们的数据集中有 d 个特征，则树中自上而下的一条路径对应于提出 d 个问题，即图中的阴影顶点。然而，我们可能得出的分类器数量（叶子总数）远远大于此，总数是 2^d。如果 $d=30$，那么我们可以在超过十亿个分类器中进行选择。一般而言，这是一种对可能得到的分类器进行计数的方法（稍后将很有用）：我们可以用一个"左/右"序列来标记树的每片叶子，这个序列记录沿树根向下移动到某个叶子节点所必须做出的左/右选择决策。如果我们测试的第一个特征与标签相关联，将向左走。如果我们测试的第二个特征与标签负相关，那么就向右走。我们通过一个由左/右选择组成的、长度为 d 的唯一序列到达每片叶子。可以用该序列进行标记，例如记为 LRRL（表示"右左左右"）……在 d 个位置中每一个位置都有 2 个选择，总共有 2^d 片不同的叶子。

邦弗朗尼校正在这里不起作用的原因是仅仅校正我们实际上沿树的阴影路径提出的 d 个问题是不够的。如果我们对先前问题的答案有所不同，我们还必须纠正可能提出的 2^d 个问题。也就是说，我们必须校正树上的所有叶子，而不仅仅是校正实际走过的路径。如本例所示，我们有可能必须对一组比我们明确评估的模型大得多的模型进行校正。这和电子邮件骗局受害者被骗是同一个现象，应当考虑到诈骗者所有的一百万个初始目标，而不能假设他是诈骗者唯一的初始目标。

4.8　对数据的"拷打"

当然，通常不可能为所有可能提出的问题进行校正。在简单示例中，我们可以明确地想象，依次测试每个变量时所经历的决策过程，并计算可能得出的不同结果的数量。但是在更典型的情况下，依次决策的过程中至少有部分是由人类做出的，而且不可能对无数反事实进行推理：如果我的分析结果不同，在每种情况下我会做什么？这就是为什么人们对传统的基于数据的决策持怀疑态度的原因，它以各种贬义的名字出现，包括"数据窥探""数据捕捞"和"p 值操纵"等。

算法和人类 p 值操纵的结合带来了方法论上的危险，这已经引起了激烈的争论，并造成了对那些无法反映真实的"科学发现"的不安。在科学界中被广泛称为"可再现性危机"的过程中，上述方法起着核心作用。"可再现性危机"具有自己的维基百科页面，摘取开头的描述如下：

重复危机（或可重复性危机、可再现性危机）是科学界正在进行的（2019 年）方法论危机。学者们发现，许多科学研究的结果很难或不可能在随后的调查中被重复或再现，无论是其他独立研究人员还是原始研究人员自己都无法做到。这个危机有着很长的历史。随着对该问题的关注度不断提高，该术语在 21 世纪初被提出。

虽然 p 值操纵并不是这里唯一的罪魁祸首。还有糟糕的研究设计、草率的实验技术，甚至偶尔会出现彻头彻尾的欺诈和欺骗。但令人担忧的是，即使是善意的数据驱动的科学探索也可能导致无法重现新数据或新实验中的错误的发现。与 p 值操纵相关的比较突出的例子是我们之前讨论过的关于"力量姿势"的有争议的研究。以下是 2017 年底《纽约时报》对它的描述：

　　该研究发现，被要求站立或坐在某些位置（跨腿或站立在桌子上）的受试，摆姿势后的"力量感"比以前强。对于她的同行而言，更令人信服的证据是，这项研究测量了这些姿势造成的实际生理变化：受试者的睾酮水平上升，而与压力有关的皮质醇水平下降了。

但是这项研究未能被重复，"力量姿势"成为再现性危机和 p 值操纵危险的典型代表。

　　"我们意识到整个文献都可能是误报"，著名的 p 值操纵评论家乔西蒙斯说，"他们与足够多的其他研究人员合作，认识到这种做法很普遍，并将自己视为有错"。

我们讨论过的著名的"超级"食品研究也未能接受审查。多年来，食品科学一直受到怀疑。2017 年，一个著名的 p 值操纵丑闻震惊了食品科学界。在这个案例中，被质疑的主要研究人员，著名的康奈尔大学教授布莱恩·沃辛克（Brian Wansink）似乎积极地将 p 值操纵作为产生结果的手段。以下是他发送给与他一起工作的学生的指导性描述，他想让学生寻找一些有关自助餐的有趣内容：

　　首先，他写道，她应该将用餐者分成不同的群体："男性、女性、午餐者、晚餐者、独自一人坐着的人、2 人一组一起吃饭的人、2 人以上一起吃饭的人、点酒精饮料的人、点软饮料的人、坐在自助餐厅食物附近的人、坐在餐厅角落的人……"
　　然后，她应该挖掘这些组与其余数据之间的统计关系："比萨饼的数量、取了几次餐、盘子的装满水平、是否吃了甜点、是否喝了酒……"

沃辛克给学生写道："在你来之前，尽量在这里找到尽可能多的东西，这真的很重要。"他说，这样做不仅有助于她申请实验室，而且"最大的可能是你在实验室访问期间有东西可以发表"。

他给出了令人鼓舞的结论："努力工作，从这块岩石中抽出一些鲜血，我们很快会再见。"

学生按照他的要求做了："我将尝试按照您描述的方式来挖掘数据。"①

在这里，我们有了一种研究方法，实际上封装了一棵虚假关联的树：创建非常大的特征空间（性别、午餐或晚餐用餐者、团体人数、在餐厅中的位置等），然后通过对数据进行查询，进行钓鱼式的探险。在这些做法被揭发之后，再对沃辛克的研究进行了严格的审查。结果，17 篇已发表的论文被撤回，另外 15 篇论文被"更正"。康奈尔大学的一项调查发现了他的学术不端行为，所以他于 2019 年 6 月从康奈尔大学辞职。

但是，这些情况实际上只是旧现象的程度加重。正如获得诺贝尔奖的英国经济学家罗纳德·科斯（Ronald Coase）在 20 世纪 60 年代所说的那样："只要对数据的'拷打'时间足够长，它对任何事情都将供认不讳。"

4.9　维护分叉路径的花园

统计学家安德鲁·盖尔曼（Andrew Gelman）和埃里克·洛肯（Eric Loken）对社会科学中已发表的虚假发现的泛滥现象进行了研究。他们给适应性现象起了个很形象的名字："分叉路径花园"。盖尔曼和洛肯所指的"分叉"恰好是我们在树图中看到的分支。我们决定分析过程后，树图本身就是我们承诺的"分叉路径花园"的地图。这表明我们所见到的由适应性提问引起的过度拟合不一定是故意的或恶意的，认真的科学家可能因迷失在"花园"中而误导自己。

但是无论是否有意，错误的发现都是有害且代价昂贵的。2015 年的一项研究估计，

---

① 来自 Buzzfeed 新闻（2018 年 2 月）。

不可重复的临床前期医学研究的金钱成本每年超过 280 亿美元。这些金钱成本还仅是科学成本的一部分。错误的发现还浪费了医学研究人员的大量时间，最终影响了寻找真正救命方法的速度；同时也给了等待可挽救生命的科研突破的患者以虚假的希望。在"分叉路径花园"中迷路是一个伦理问题，而不仅仅是一个学术问题。数据分析的规模和复杂性正在大大增加，因此我们需要寻找算法解决方案。

我们的树状图是由我们特定的机器学习过程产生的花园地图。对于我们可能运行的每个不同过程，都有不同的树，即不同的"花园"。而且，如果过程复杂或指定不精确，例如，若一个人或整个研究团体参与决策过程的任何地方产生错误，那么我们就无法拥有对树或花园地图的精确描述。我们需要的是在即使没有地图的情况下，也可以限制"错误发现"的风险的方法和算法。

研究预注册是最近在社会科学领域中流行的一种安全但极端的措施。如《预注册革命》一书中所述："对分析计划进行预注册，是在没有事先了解研究结果的情况下，确定出分析的步骤。"换句话说，预注册的目的是让数据分析人员在分析过程中根本无法做出任何决定。这是通过迫使科学家公开承诺制定详细的分析计划后，才有机会查看分析结果。如果认真并正确地实施了预注册，则可以通过阻止它来防止研究人员进入分支路径，从而消除了"分叉路径花园"的风险。但是，忠实地遵循预注册计划意味着创建该计划时，它完全不会受到数据的任何影响。理想情况下，在数据收集之前就已注册好了计划。

虽然预注册是安全（比无原则、无约束的数据分析有很大的改进）的，但也是高度保守的。像阿基米德发现浮力定律的古老故事一样[①]，科学的洞察力通常不会凭空而来。相反，当人们人站在巨人的肩膀（他们前辈的积累）上时，科学的进步得以实现。实际上，这意味着科学家们阅读彼此的论文并从同行的发现中获得启发。然后，当他们继续测试自己的想法时，他们并不能总是收集到新鲜的数据，因为大量的高质量的数据集稀有且昂贵。在机器学习中就是这种情况，其中像 ImageNet 这样包含数百万张带有人类标签图像的重要数据集。这也是研究界依赖少量基准数据集的主要原因之一。某些种类的医学数据集甚至更难收集。每次重复使用一个数据集时，都会在"花园小径"上创建一个复杂的分叉，即使预先注册也无法阻止：这仅仅是因为科学家已经接触过已有的研究思路，他们经历了复杂的决策过程才迈出了新的一步，创建新的与数据相关的决策。为了正确遵守预注册的原则，每个研究都需要收集自己的数据集，这通常是不现实的。开放科学基金会（Open Science Foundation）网站上的项目和数据注册界面如图 4.6 所示。

---

① 据说，当阿基米德进入浴缸时，发现了阿基米德浮力定律（一个物体进入水中，会排走与其自身体积相等的水），并大喊："我发现了！"

幸运的是，最近一组算法上的改进提出了一种解决方案——一种安全地重用数据的方法，以便我们在继续以数据为指导的同时避免错误的发现。这些方法使我们可以从数据中获得启发——在没有地图的情况下探索分叉路径的"花园"。换句话说，无须了解分析可能依赖的所有微妙的意外事件（人类决策的结果）。相反，它们通过充当数据分析人员和数据之间的算法中介，直接约束了如何构建"花园"。我们才刚刚开始理解这些新工具的工作原理，即使在理论上也是如此。在本章的其余部分，我们将探究这些新生方法背后的算法思想。

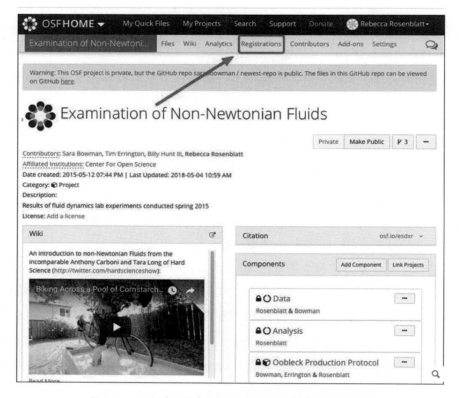

图 4.6　开放科学基金会网站上的项目和数据注册界面

注：开放科学基金会是最著名的提供数据集、假设和分析的预注册的组织之一。为更好防范 p 值操纵，预注册无法删除。

4.10 花园的守门人

花园分叉是在"数据分析程序"（可能是机器学习算法、个人或一组研究人员）与数据进行交互时构造的。如果要允许人类研究人员在决策时自由地做出决定，我们无法控制数据分析过程，但是可以控制该过程（无论是算法还是人工）与数据的交互方式。

例如，ImageNet 挑战赛的组织者已经限制了竞赛队伍如何与验证集进行交互，所有队伍可以做的就是提交其候选机器学习模型，然后查看它们在验证集中对图像进行分类的准确程度。参赛队无法直接访问数据集中的实际图像。如我们所见，这还不足以防止错误的发现，但它为我们提供了一个很好的起点，让我们可以进一步思考如何调节对数据的访问。数据分析人员会将有关数据的问题提交到我们要设计的算法接口中，该算法的目标是为这些问题提供准确的答案。至关重要的是，我们希望算法对于从与数据集相同的来源中抽取出新数据集（而不仅仅是当前拥有的数据集），得出准确的答案。这样，如果我们仅拟合特定数据集的噪音特性，就不会被认为是"准确"的。

现在，让我们稍微畅想一下，考虑如果我们的算法接口具有最初看起来似乎难以置信的属性会如何（但是，很快我们会发现，在某些情况下它可以变得非常实用）。假设我们做出了保证，无论数据分析人员决定向我们的算法接口询问什么样问题序列，它所提供的答案序列总是可以仅由少量信息来概括，例如由 k 个 0 和 1 组成的短字符串，其中 k 是一个比问题数目小得多的数字。这个属性是否可以让我们了解，数据分析过程是如何遍历"分支路径花园"的？

让我们考虑一下数据分析过程（称为 P）如何与该接口交互。P 既可以表示算法，也可以表示人，或者两者的某种组合。就像在我们的机器学习思想实验中一样，P 将通过询问问题来得到答案。首先，P 将询问问题 1。算法接口将为 P 的问题提供某种答案。根据答案是什么，P 会选择某个问题 2 来进行提问。算法接口为 P 的第二个问题提供了答案，然后 P 根据答案是什么，提出了第三个问题，依此类推。该过程是适应性的，因为在每个步骤中，对问题 P 的选择取决于在先前步骤中收到的答案。

一旦确定了特定的数据分析程序 P，原则上，我们就可以完全绘制出分叉路径花园的地图，就像我们对树形图所做的那样，因为我们可以计算出在一切可能情况下，在每个步骤中将要问什么问题。当然，这仅仅在原则上是可行的。因为每个 P 都会有一个不同的"花园"，而且如果 P 中包含任何人为的决策，我们将无法对其进行足够精确的描述，也难以实际弄清楚在每种可能性下会发生什么情况。即使我们确实知道一个精确的规范描述（因为 P 是一种算法），也几乎总是会因为太复杂而无法推理出（更不用说绘制地图了）所有可能事件的树状图了。这是我们需要面对的困难。

在不知道 P 的细节的情况下，我们无法给出 P 所建立的可能事件树的任何内容。但是，如果我们知道算法接口所产生的答案序列总是可以用一个短的 k 字符串来概括，那么我们对于"花园"的形状也会有相当多的了解。回想一下我们对树状图的讨论：我们可以通过为达到某个叶子节点而必须采取的左/右决策顺序（或等价地由 d 个 0 和 1 组成的序列）来命名树的每片叶子。如果我们总共问了 d 个问题，那么这个标签将是一个长度为 d 的序列。但是现在我们可以对长度为 k 的序列实际上到达的每片叶子进行标记，因为我们一定是被算法产生的可能的答案序列之一引导到那片叶子的，而且我们知道所有这些都可以用 k 个字符来描述。因此，如果 k 比 d 小得多，我们就知道我们实际上无法到达树的大部分叶子，因为长度为 k 的序列要比长度为 d 的序列少得多。我们实际上可以提出的问题集合要比我们想象中的要小得多，并且我们可以将邦弗朗尼校正应用于过程 P 可能要问的更小的问题集合。即使我们不知道这些问题具体是什么，也可以做到这一点——知道可能的问题集合很小就足够了。

当然，更大的困难仍然存在：算法接口如何以比 d 小得多的描述来概括 d 个问题的有用答案？

4.11 成功的排行榜

在 ImageNet 挑战赛中，让参赛者可以访问接口、在验证数据上测试其模型的目的是使他们对自己在竞赛中的地位有所了解。但是比赛是胜负明确的事情，有赢家也有输家。如果你的模型不是到目前为止提交的模型中最好的，那么你可能不需要确切知道你的模型与竞争对手相比到底差多少。这并不稀奇，参赛者知道自己并不处于领先地位可能就足够了。

下面假想一个接口，以 ImageNet 挑战赛的参赛队伍提交的一系列机器学习模型为输入。对于每个模型,它都会测试提交模型分类错误是否比迄今为止的最佳模型至少低1%。如果答案是肯定的,则接口会告知这个肯定的结果,并以提交模型的分类错误的估计值作为回答,现在它已经是现有最佳模型了。但是,如果答案是否定的,那么它就不会提供提交模型分类错误的任何估计值,它只是简单回答所提交的模型,并没有(实质上)改进现有最佳模型。

事实证明,此接口提供的回答总是可以被简洁地概括,原因如下:假设在竞赛过程中,参赛者提交了100万个要验证的模型。尽量模型数量庞大,我们也知道,其中最多100个模型(实际上,可能要少得多)可以比迄今为止最好的模型提高1%或更多。这是因为错误率介于100%(任何情况下都错误)和0%(任何情况下都正确)之间。如果你的模型比以前的最佳模型提高了至少1%,则它可以使当前错误率至少降低1%。应注意,一个从100开始下降的数值,最小降至0,如果每次至少减少1,则减少的次数不可能超过100次。在典型情况下,改进的数量将远远少于100,因为第一个模型不可能错误率为100%,最好模型的错误率也不可能为0%,并且某些模型可能会比之前最佳模型提高多于1%。

因此,为了记下回答序列,我们所需要的只是提交的100万个模型中有改进的100个模型,以及这100个模型的错误率。一种方法是用一个列表来记录。列表中的每个条目都记录了至少产生1%改善的模型的索引编号及其错误率。例如,列表可能看起来像这样:$(1,45\%)$,$(830,24\%)$,$(2817,23\%)$,$(56500,22\%)$,$(676001,15\%)$。这就是说,比之前最好模型得到1%以上改进的模型是,提交模型中的第1个、第830个、第2817个、第56500个和第676001个。这些模型的误差分别为45%,24%,23%,22%和15%。这些信息足以重建接口的完整输出,因为我们知道在其他每一轮中,该接口一定是回答"没有任何改进"。简明扼要地概括回答是可能的,因为我们知道无论如何,此列表都会很简短——条目不会超过100个。结果可以保证这些查询的回答将几乎与完全没有适应性时的回答一样准确(若所有模型都已预先注册了)。这有效地防止了数据分析人员迷失在"分叉路径花园"中,避免了他们在无意中欺骗自己或试图欺骗竞争对手。

以上想法解决了维护"排行榜",以跟踪哪个队伍目前正在机器学习竞赛中位于首位的问题。但是,如果我们想要一个功能更完善的数据接口,以便为更丰富的问题提供回答,那该怎么办呢?事实证明,通过将正确的机器学习工具与我们刚刚讨论的思想相结合,可以回答任意问题序列,且出现错误的情况与对研究进行预注册时可以保证的结果具有可比性。通过使用聪明的算法,我们避免了将数据分析人员从"花园"中抽离的麻烦。

4.12　照料"私人花园"

　　事实证明,我们在第1章中介绍的差分隐私(用于私有数据分析的工具)可以带来刚刚讨论的方法之上的进一步改进。最近的发现(当时似乎很令人惊讶,但回想起来很自然)是差分隐私算法不会出现过拟合问题。这意味着,如果我们可以设计一个能够针对固定基准数据集准确回答问题的差分隐私算法,那么只要新数据来自与基准数据集相同的来源(分布),算法的回答就也将忠实地反映于新数据上的问题回答。这是个很好的消息,已经进行了十余年的研究的差分隐私算法设计,可以用来解决数据分析和机器学习会产生误导的问题。这种联系是自然的,因为正如我们在第1章中讨论的那样,差分隐私算法旨在允许研究人员提取有关总体的统计事实,同时防止他们对该人群中的任何特定个体了解过多(在第3章中,我们看到了差分隐私在博弈论的激励性质中也有用处)。可以发现,这个目标几乎与希望推动科学发展而又不会迷失在"分叉路径花园"中的研究人员的目标一致。研究人员想学习有关世界的普遍事实,而又不想意外地让数据样本的噪声特性的作用过大。如果没有拟合该数据集中单个数据的特性,也就无法拟合该数据集的噪声特性,而这正是差分隐私所能防止的。

　　所有这些的结果表明,可以通过对问题的有效形式化和算法设计工具的部署来解决科学研究中的错误发现问题。对于这类特定应用,我们仍处于起步阶段,还有许多工作要做。

　　例如,通用算法在计算上代价仍然非常昂贵,花费了太多时间,很难在实际应用中运行。在真正将这种方法付诸实践之前,迫切需要效率更高的算法。但是我们已了解,规模大和适应性所带来探索"分叉路径花园"问题因算法应用而很大程度上被放大了,而解决方案本身也就位于算法设计的领域。如何精确地制定算法目标,如何设计算法以满足这些目标已经成为一门科学,目前已开展了一系列可模块化、可扩展的研究工作。和第3章中一样,本章我们看到了又一个示例,在隐私保护本身并非问题的一个目标场景里,专门为隐私保护而设计的技术被证明大有用处。

5　有风险的生意：可解释性、道德和奇点

5.1　寻　找　光

　　本书侧重于算法和学习模型违反基本社会价值的可能性，以及我们如何通过有效的科学手段来预防伦理问题。这显然是一个及时而重要的话题。但是我们不能免于这样的批评，即在选择强调的特定价值或规范时，一直是"哪里有光，就看哪里"。例如，公平和隐私可能是伦理算法研究中最受科学关注的两个领域，拥有最成熟的文献、理论和实验方法论（虽然整体上仍然是新兴的），因此在本书中，有关它们的表述最多。

　　这样做有很好的技术原因。例如，隐私保护方面的研究极大地受益于以下事实：科学家在隐私的定义上基本达成一致，定义直观易于理解而又精确易于管理。关于"公平"的定义尚无广泛共识，但至少有许多具体建议方案。这并不是说，有关这些定义的问题已完全解决（实际上，在第 2 章中已表明，公平的完全合理定义可能会产生相互冲突），更不是说，所有算法问题都已解决。但是，扎实基础的数学定义是任何丰富和有用的理论的起点。在这方面，隐私和公平性是快速发展的。同样，我们在第 3 章和第 4 章介绍了关于算法博弈论和防止 p 值操纵，也是因为这些领域的研究相对成熟。

　　但是其他价值呢？例如，具有"透明度"或"可解释性"的算法和模型，或是对自己的行为"负责"的算法，或"安全"或"道德"的算法？不需要引用更多的名言，我们也能理解，许多价值要求同样也是对人类决策者和组织的要求。

　　我们之前没有专注于这些价值，并不是因为它们不重要，而仅仅是因为目前关于它们的讨论很少，至少我们感兴趣的类型（基于相对稳定的定义和算法设计原理）的研究工作很少。但是，在本章中，我们将简要讨论一些规范和价值。这些规范和价值似乎在很大程度上未包含精确的算法公式，我们会简要说明为什么会如此。相关内容将按照通用性逐渐增加的顺序来进行介绍。首先从算法的可解释性开始，然后再转向更一般性的主题（如道德），最后总结每个人工智能反对者最喜欢的反乌托邦词汇——"奇点"。

5.2　照亮黑盒子

到目前为止，与我们迄今关注的各种价值观在精神上最接近的是透明度和可解释性。这些目标很容易用非正式的方式表达出来，我们希望模型是可以理解并因此得到信任的。困难不在于表达这种直观理解，而在于以一般性和定量的方式将这个概念形式化。

尽管个体可能对公平和隐私的重要性，以及应该要求做到什么程度，多少有些不同意见，但他们似乎对这些概念本身是什么（或者不是什么）已经了达成了广泛的共识。对于大多数黑人来说，在申请大学的时候，算法让黑人申请者的错误拒绝率比白人申请者要高得多，似乎就是不公平的。可能存在的争议是，多大的差别会造成真正的伤害，但关于不公平本身的定性是没有争议的。与此类似，人们对于应该允许何等程度的私人数据无意泄漏的看法可能有所不同，但是他们似乎同意这种泄漏构成了对我们所谓的隐私的侵犯。实际上，我们在之前研究的公平和隐私的定量定义里都提供了明确的"调节旋钮"或参数，这些参数使用户可以准确地告诉算法他们需要什么样的公平或隐私。这就是我们所说的精确算法理论的一部分。

相反，当尝试制定算法可解释性理论时，想到的第一个问题是，让谁来进行解释？"可解释"这个词意味着观察者或主观接受者，他们将判断自己是否可以理解模型或算法行为。我们对潜在接受者的范围及其计算水平的假设，会对解释性的定性、定义产生巨大影响。

让我们更具体地考虑这个问题，并考虑一下机器学习算法输出的模型是否可以解释的具体问题。对于没有受过或较少受过定量教育的观察者来说，他们对精确的数学对象映射的概念（如从贷款申请中提取出特征，用以预测还款可能性），可能完全是陌生的。他们根本没有经过足够培训，无法对这种函数进行具体思考。对他们而言，这种模型是无法解释的。对于熟悉经典统计建模基础知识（但不是全部现代机器学习基础知识）的观察者而言，采用输入特征值加权总和的线性模型，将是可解释性的典型示例。尤其是模型中可以查看权重的正负情况，例如，从事当前工作的时间与偿还贷款的能力成正相关，而具有犯罪记录则与偿还贷款的能力成负相关。但是，同样是这个观察者，可能认为多层神经网络是无法解释的，因为类似这样的简单相关性不易提取。但是对于深度学习领域的从业人员而言，这并不是障碍，因为更复杂、更高阶的相关性仍可以解释模型的行为。

如果我们将这些不同的观察者所涵盖的数学和计算能力的整个范围都考虑在内，并尝试为每个观察者建立良好的可解释性定义，那么我们基本上将得到从"不允许使用任何算法"到"一切算法都可以使用"的广阔范围。所涉及的主观性显然使算法的可解释性理论变得困难。

虽然困难，但也许并非不可能。上面的讨论启发我们可以以下列步骤来发展（可能是多个）可解释性定义。

（1）确定目标人群或观察者群体。例如，没有接受过高等教育的高中毕业生，负责信用评分算法的监管机构员工等。

（2）与观察者一起设计和运行行为实验，询问他们是否了解不同类型和复杂性的算法和模型，并通过测试来了解他们理解的程度。

（3）使用实验结果来制定针对特定观察者的可解释性定义和度量。

（4）遵循这个定义，研究算法的设计和局限性。

这个过程似乎是对可解释性的内在主观性的一种解决方案（也许是唯一的解决方案）。但是到目前为止，关于不同观察者群体的可解释性的行为方面的研究相对较少。研究通常会跳过实验步骤，仅将可解释性等同于某些特定类型的模型（如仅线性模型，或仅系数较小的线性模型），然后跳至上述过程的最后一步。但是，如果没有真正确定的目标受众，似乎就不可能回答这个反复出现的问题：让谁可以解释？

表5.1可以为任务选择合适的可解释性。

表5.1　描述各类模型的可解释性的表格

算　法	线　性	单　调	交　互	任　务
线性模型	是	是	否	回　归
逻辑回归	否	是	否	分　类
决策树	否	一些	是	回归＋分类
规则拟合	是	否	是	回归＋分类
朴素贝叶斯	是	是	否	分　类
K近邻	否	否	否	回归＋分类

注：表格内容仅基于模型的抽象的数学属性，而不是不同人群可以理解的程度。
资料来源：克里斯托夫·莫尔纳（Christoph Molna）《可解释的机器学习：黑盒模型可解释性理解指南》。

可解释性研究的另一个挑战（似乎与主观性问题同等重要）是我们首先要解释实体的

问题。考虑一下标准的机器学习流程，历史数据是通过某种机制收集的，然后被馈送到一种学习算法中，该算法在数据上搜索低错误模型，而该模型又被用来对"该领域"的新数据做出未来决策。这里，我们可以讨论其可解释性的(至少有)4 个不同实体：数据、算法、算法找到的模型，以及模型做出的决策。

例如，我们在引言中已经论证了，大多数常见的机器学习算法非常简单(代码的行数不多且相当简单)、有原则(最大程度地实现了自然且明确规定的目标，如准确性)，因此从某种程度上讲，算法已经可以让人理解了。但是，由此类算法输出的模型可能很难完全理解，并且它们可能会在看似简单的数据集中，捕获变量之间的复杂且不透明的关系(如总结过去贷款申请者的财务、信贷和就职历史等记录，和其贷款结果相关联)。因此，应用于简单数据集的简单算法仍可能导致难以理解的模型。当然，将更复杂的算法应用于更复杂的数据集，会导致更大的模型不透明性。

但是，即使是我们无法理解的模型，也完全有可能做出可以理解或解释的特定决策。例如，假设用户的贷款申请已被深度神经网络拒绝。算法决策的好处之一是我们拥有的模型可以告诉我们，它们将对任何输入执行的操作。因此，我们可以探索一些反事实，如"对贷款申请进行更改，可以将贷方决策从拒绝变为接受状态的最小更改是什么"。答案可能是"在当前职位已工作六个月以上"或"家中拥有更多可抵押资产"。的确，在个人决策或预测水平上的这种解释性理解，是一些有更大作用的可解释性研究的基础。

最后，即使面对包含成千上万个相互作用组件的复杂模型，我们仍然可以尝试收集有关其内部工作原理的重要见解。例如，深度神经网络具有许多内部"神经元"，旨在学习数据的高层属性。为试图理解任何特定神经元所学到的东西，我们可以询问其最佳刺激是什么，即是什么导致其最强烈地激活或"发射"网络输入。这是直接来自神经科学中的类似方法，并受到神经科学中成果的启发，例如，研究发现哺乳动物脑中，存在高度专业化的神经元用来检测视野中的运动物体。针对通过视频和图像数据训练出的神经网络，进行的类似研究显示，存在专门用于检测人脸和猫脸的神经元。当然，同一网络中的其他神经元可能没有我们可以识别的明确功能(就像在生物大脑中一样)，因此这些技术有一定的盲目性，对于可解释性而言似乎不是一种有希望的通用方法。在经过图像数据训练的深度神经网络中，"人脸神经元"和"猫脸神经元"的最佳刺激如图 5.1 所示。

图 5.1 "人脸神经元"和"猫脸神经元"的最佳刺激

图片来源：谷歌研究院。

5.3 自动驾驶的道德问题

公平、隐私和可解释性都非常重要，但我们通常不认为违反它们的算法会对我们的健康和人身安全构成直接威胁（尽管在司法等专门领域的算法应用也可能如此）。但是，随着算法在无人驾驶汽车、个性化药物以及自动作战和武器装备等领域发挥核心作用，我们不可避免地面临算法的安全性、道德和责任制等问题。尽管科学界和主流媒体都在积极讨论这些主题，但是与透明度相比，它们的技术进步更少，也许这是正常的。尽管本书的议题一直围绕对社会价值的精确规范以及它们在算法内部的作用，但也许有一些概念我们不能或不想形式化，也不希望算法进行编码或执行。实际上，也许有一些决策，我们永远不希望由算法来做出，即使它们做决策可能会比人类"更好"。我们将很快回到这一点。

关于算法道德的流行和科学讨论中，有些集中在思想实验上。这些思想实验凸显了自动驾驶汽车和其他类似系统很快会面临的艰难的道德决策。麻省理工学院的道德机器项目向用户展示了一系列这样的困境，旨在调查人类对人工智能和机器学习伦理的看法。尽管它们看起来像是扩展的休闲游戏，但诸如此类的项目最终可能会收集到有关道德观念有价值的主观数据，这有点类似于调查用户组以提高算法透明度的建议。

在大多数情况下，计算机科学家是伦理和道德主题的新手。相反，哲学家无疑可以将最悠久最深刻的思想奉献给他们。实际上，道德机器项目中出现的困境，使人想起了政治

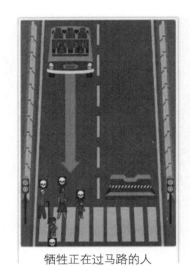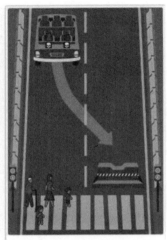

牺牲正在过马路的人　　　　　　　　　牺牲坐在自动驾驶汽车中的人

图 5.2　无人驾驶汽车面临的标准假设的道德困境图示

注：其中，控制算法必须决定是牺牲乘客还是行人。

资料来源：麻省理工学院的道德机器项目。

哲学家迈克尔·桑德尔（Michael Sandel）多年来在哈佛大学司法课程中考验学生的思想实验。尽管桑德尔并没有具体提出算法道德问题，但他写了一些与我们主题息息相关的文章。例如，他在 2012 年出版的《金钱不能买什么：市场的道德限制》（《What Money Can't Buy：The Moral Limits of Markets》）一书中，探讨了为以前没有市场的事物建立市场的方式，可以从根本上改变该事物本身的性质。示例包括代为参加国会听证会的有偿服务、有偿获得中央公园莎士比亚戏剧节的免费票，以及私人管理监狱带来的监禁商业化等。桑德尔写道：

　　　　过去 30 年来发生的最重大的变化并不是贪婪的增加，而是市场和市场价值向本不属于它们的生活领域的扩张。为了应对这种情况，我们需要做的不仅仅是谴责贪婪，而是重新考虑市场在社会中应扮演的角色。我们需要就如何保持市场地位进行公开辩论。要进行这场辩论，我们需要考虑市场的道德限制。我们需要问，是否有一些东西不应该用钱去购买。

　　这一观点在经济学家中存在争议。但如果有人用"算法"代替"市场"，用"算法不应做出的决定"代替"不应该用钱去购买的东西"，如此看来，桑德尔的这段话和许多论点仍然适用。当算法代替人来做出决策时，决策的基本性质可能也就改变了。

什么可能是算法不应做出决策的示例？为什么？在自动战争领域，即使有人证明算法可以做出更准确的决策（例如，区分敌方战斗人员和平民，或仅杀死目标而不造成任何附带损害），也不应允许算法做出杀害人类的决策。有人认为，杀害一个人的最终决定只应由人类来做，因为这涉及道德伦理和责任。此类决策的重心在于，做决策的实体应该能够以人类的方式真正理解当前决策的后果。当然，如果算法确实更准确，那么坚持这一道德原则有可能将导致更多无辜者丧生。读者可以自行考虑如何认识和理解算法的道德限制应该在哪里。

但是，既然我们已经到了探讨可能导致人身伤害甚至死亡的算法伦理问题的地步，那么我们不妨将这些担忧推至逻辑上的极端情况——算法是对人类的潜在生存威胁。尽管这听起来幻想的成分居多，但我们会发现这种担忧只是在本书中看到的几个主题的逻辑上的极端推演。

5.4　奇点的威胁

> 我真的很讨厌这台该死的机器，
> 我希望他们能卖掉它。
> 它永远不会满足我的需求，
> 而是只做我让它做的。
>
> ——匿名

2017 年 12 月，一场巨大的野火在美国加利福尼亚州肆虐，迫使数万人撤离，野火吞没了洛杉矶周围的高速公路。逃离家园的人们自然会使用他们的导航应用（如位智和谷歌地图），以找到最快的安全路线。正如我们在第 3 章中讨论的那样，与使用老式的纸质地图相比，导航应用通常是更好的选择，因为这些应用拥有大量的实时数据和强大的优化引擎。正因为它们记录了来自使用该应用程序的其他用户的数据，所以它们对各种道路上的当前交通状况很了解，并且可以预测未来的交通状况，最后进行优化以找到用户到达目的地的最快路线。

但是据报道，在加利福尼亚州大火中，位智将人们导航到了被火焰吞没的道路。如果你考虑一下，这有一定的合理逻辑，这些道路完全没有车辆在行驶。然而，这显然不是用户想要的结果，也不是开发应用的工程师想要的结果。

这是优化失败的一个简单示例，但是如果你自由发挥想象力，则可以预见到更严重的问题。如果从当今的技术到未来一百年的技术进行一些推演，你甚至可能会想到人工智能会对人类构成生存威胁。许多知名人士都有这个想法。史蒂芬·霍金（Stephen Hawking）表示，超级智能的人工智能"可能意味着人类的终结"。埃隆·马斯克（Elon Musk）将人工智能视为"我们最大的生存威胁"。谷歌深度思考公司（DeepMind）联合创始人谢恩·莱格（Shane Legg）表示，人工智能构成"本世纪的头号风险"。实际上，当谷歌在 2014 年谈判以 4 亿美元收购深度思考公司时，条件之一就是谷歌将要成立一个人工智能道德委员会。这一切都是媒体的热点话题，但是在本节中，我们想考虑的是它们导致越来越多受人尊敬的科学家对人工智能风险的严重担忧。

这些担忧中的大多数都基于这样一个思想，即人工智能研究将不可避免地导致超级智能机器，从而发生连锁反应，其发展的速度将让人类没有时间做出及时反应。一旦达到某个临界点，这种连锁反应将导致"智能爆炸"，从而可能形成人工智能的"奇点"。这个观点的最早版本之一是 1965 年由艾伦·图灵（Alan Turing）的合作者、英国数学家 I.J.古德（I.J.Good）总结如下：

> 将"超智能机器"定义为可以远远超过任何人的所有智力活动的机器。由于机器的设计也是智力活动之一，因此，超智能机器可以设计出更好的机器。毫无疑问，这将发生"智能爆炸"。因此，第一台超智能机器将是人类有史以来需要完成的最后一项发明，前提是该机器要足够温顺，可以告诉我们如何对其进行控制。

近年来，我们似乎正在开发能够在各种挑战性任务上与人类能力相匹敌或超越人类的机器，包括象棋、智力问答、围棋，甚至可能是驾驶等。那么，为什么我们不应该期望我们最终能够构建与人类能力相匹配的机器，从而设计出学习、优化和推理算法，即人工智能算法呢？这些算法将与我们寻找改进的学习和优化技术一样好。但是，一旦算法发现了这些改进，它就有能力对其自身进行重新编程，从而进一步加快了发现速度。这些改进将基于自身而发展，如滚雪球一样迅速发展。

假设我们接受这种连锁反应的论点，因为智能机器的设计本身可以由更多智能机器更好地完成，那么一旦我们达到人工智能的临界水平，我们将有能力生产出比人类聪明得多的机器。显然，至少作为一种武器，它具有潜在的危险。如果即将发生智能爆炸，那么我们可以预测一场军备竞赛。在这种场景下，真正的威胁是敌对的外国势力，而不是人工智能本身。人工智能只是一种危险武器，类似于核武器（但可能它比核武器更具破坏性）。

是否在某种情况下，威胁就是超级智能本身，而不是因为人类创造者将它用于破坏性目的？即使不假设超级智能具有意识甚至恶意，它也可能会产生严重的问题。足够强大的优化算法可能会带来可怕的风险。计算机的问题不在于它们不会像编程那样去做，而在于它们会完全按照它们的编程那样去做。这是一个严重问题，因为可能很难准确预测计算机在特定情况下要做什么。

的确，对于相对简单的程序（如文字处理器或排序算法），程序员将精确地指定程序在每种情况下应执行的操作。但是，正如我们之前讨论过的，这不是机器学习的工作原理。考虑一个看似简单的任务：将猫的图片和狗的图片区分开。即使三岁的孩子也可以轻松可靠地解决该问题，但对于任何人来说，都很难确切说明如何执行此任务。相反，图像分类器的工作方式是程序员指定用于优化的模型（如神经网络）和要优化的目标函数（如分类错误）。最终的实际计算机程序或模型（可以区分猫和狗的图像分类器）并未由程序员明确编写，而是通过自动优化程序员指定的模型类中，按照指定的目标函数来"解决"。这种方法非常强大，但有时会导致无法预料的行为，如导航应用程序将驾驶员送入火海。

人们担心的是，随着优化技术变得越来越强大，可以对越来越复杂的模型集进行优化。即使我们小心翼翼，也很难预测优化我们指定的目标函数可能带来的后果。

5.5　云　端　视　角

作为开始，让我们考虑机器学习出现错误的一个平凡故事。这个难以溯源的故事可以追溯到 20 世纪 60 年代最早的机器学习时代。至少从 20 世纪 90 年代初开始，它就被用作说明机器学习缺陷的寓言。以下是 1992 年的版本：

> 在感知器发展的早期，某军队决定训练一个人工神经网络，以便在丛林中识别部分隐藏在树木后的坦克。他们拍摄了许多没有坦克的树林的照片，然后拍摄了从树木后面隐藏着坦克的同一树林的清晰照片。然后，他们训练了一个神经网络来区分两类图片。区分结果非常好，当事实证明该网络可以将其知识推

广到未用于训练该网络的每组图像中时，使得军队更加印象深刻。

为了确保该神经网络确实学会了如何识别部分隐藏的坦克，研究人员在同一树林中又拍摄了许多照片并将其展示给训练好的网络。这次，他们感到震惊和沮丧，因为使用新图片后，网络完全无法区分树木后面有部分隐藏的坦克的图片和没有坦克的树木的图片。最终有人注意到，没有坦克的树林的训练照片是在阴天拍摄的，而有坦克的树林的训练照片是在晴天拍摄的，这个谜团终于解开了。神经网络之前学会的只是识别有阴影和没有阴影的树林。

这个故事的重点是，当你使用机器学习时，很难具体告诉计算机你想要它做什么。监督学习的工作方式是你需要为算法提供所要做出的决策的许多示例，在上述示例中，指的是提供照片及照片所附带的标签。问题是这可能表述不够明确，且看起来也似乎并没有什么问题。很显然，一个了解事件背景的人（军队想要一种能够检测树林中是否隐藏有坦克的工具）知道，在两组图像之间的明显区别是一组包含坦克，而另一组则没有。但是对于计算机而言，区分两组图像的所有方式都是同样好的。如果检测阴影比检测坦克更容易、更准确，那么检测阴影就可以了。借助 20 世纪 60 年代的机器学习（其中绝大部分也是现代技术），这个问题并不难被发现和纠正。但是人们现在担心的是，使用更强大的机器学习技术，相同的基本缺陷可能会带来更严重的问题。

稍微做些推断，我们可以想象出，当旨在针对看似平凡的任务进行优化的算法设计时，类似原因可能会导致哪些问题。假设我们要编写一个功能强大的优化算法，为了一个简单的目标——在下一个十年内挖掘尽可能多的比特币。开采比特币需要解决一个困难的计算问题。对此，人们认为没有一种算法能比蛮力搜索更好。我们设计的算法可以采用的策略之一是将其所有计算能力直接用于蛮力搜索，并在未来十年内挖掘尽可能多的比特币。这也就是现有的比特币"矿工"所做的事情。但是，该算法的目的是促使它自己找到尽可能更好的解决方案。借助科幻小说的启发，你可以想象出反乌托邦似的解决方案，该解决方案将对算法之前定义的目标函数进行改进（但我们其实不希望这样做），强迫将包括社会资源乃至人类文明资源全部重新定向，用来建设比特币"采矿"平台。

对于这种世界末日式的场景，存在一些简单的异议，但其中的许多异议稍加想象就可以反驳回去。也许最明显的一个是："一旦意识到计算机开始表现出这些意外行为，为什么不立即关闭计算机？"但是，如果计算机关闭，则开采的比特币将比计算机运行时少。记住，计算机正在运行超级强大的优化算法，因此不太可能会错过这种能简单观察出的结论。因此，算法应该采取措施防止任何人关闭计算机——不是因为它具有任何自我保护的本能，而是因为将计算机关闭会妨碍优化其目标。在此，一些读者可能想起斯坦利·库布里克（Stanley Kubrick）的电影《2001：太空漫游》（《2001：A Space Odyssey》）中计算机 HAL 的惨死场景。

一种更可靠的解决方案是确保算法正在优化的目标完全没有不良影响，即使其目标函数与我们自己的目标完全一致。这就是所谓的价值对齐问题，给定一种优化算法，我们如何进行设置，以使得其目标函数的优化在各个方面都能产生我们真正想要的结果？但是，正如我们在整本书中更为具体的示例中所看到的那样，解决价值一致性问题非常困难。为合理的目标而优化简单模型，也可能会导致无法预料的对公平和隐私的侵犯，并且会导致无法预料的反馈循环，从而导致意想不到的集体行为。如果使用当今相对笨拙的学习算法来优化简单的目标函数，我们甚至都难以预测造成的后果会如何。那么，如果我们使用比人类更加智能的优化引擎，情况难道不会变得更糟吗？

5.6 我担心什么？

在阅读有关智能爆炸的报道时，遇到的世界末日场景是可怕的，但这必然是存在于幻想中的、不精确的。所谓世界末日是代表真正的具体威胁，还是仅仅为科幻小说的素材？即使威胁最终将是真实的，我们是否现在就需要对其进行有效探索？一些杰出的人工智能专家认为，最后一个问题的答案是否定的。前斯坦福大学教授吴恩达（Andrew Ng）创立了谷歌大脑小组，并担任百度首席科学家。他说，现在担心超级智能的危险就像担心火星上的人口过多。换句话说，这可能会在某一天成为问题，但与我们目前的状况相距甚远，不需要对其进行有效思考——至少与其他事情相比。相反的观点是，如果我们现在不认真对待可指数级增长的超智能爆炸的想法，那么看似问题总是遥遥无期，但一旦到来就为时已晚。

最终，问题的症结在于我们是否相信"快速起飞"的论点是正确的。该论点是建立在自身基础之上的快速链式反应，会导致机器越来越智能化，发展速度之快超过了人类反应甚至检测的速度。下面，让我们更深入地研究这个想法。

它的基本假设基于这样的思想，即在所有其他条件相同的情况下，功能更强大的优化算法相比于功能更弱的算法，会在进一步发展机器学习技术方面取得更快的进步。这点很难有什么质疑。但是，重要的是要考虑这种改进发生的速度如何，也就是说，对于设计功能越来越强大的机器学习算法而言，它的学习曲线是什么。

生活中的许多事情都显示出边际收益递减——你投入的越多，你得到的就越多；但是随着投入的不断增加，对应于每单位的投入量得到的输出量就越少。例如，人类对物资的享受有这样一个规律：我给你的第一笔 1000 万美元比接下来第二笔 1000 万美元对你生活水平的改善更为显著；你吃的第一块巧克力蛋糕，比你同一次吃到的第六块巧克力蛋糕要更美味，令你更愉快。一般而言，创造性工作也是如此。撰写本书章节所花费的前 100 个小时，比接下来花在本书修订上的 100 个小时收益和效果要好得多。修改本章的内容，可能会花费额外的每一个小时都可能会使本章变得更好一些，但这绝不是说，花费的时间加倍，就会使它的质量翻倍。最终，当时间投入的单位成本效益已经很低时，就会将时间花在做其他事情上了。

其他一些场景则不会显示出边际收益递减。要求蛮力的任务就是最典型的例子。假设水井里的水足够多，则抽水所花费的时间加倍，将使你所拥有的水量增加一倍。在这里，投资与回报是线性关系——获得的产出量与投入量成正比。其他一些任务实际上显示出越来越高的边际收益。如果你在电子书阅读器（如 Kindle）上阅读《算法伦理：社会感知算法设计的科学》，那么制作副本的边际成本实际上是非常低的：它只涉及信息的复制和传输。但是，正如所有作者都可以证明的那样，制作出第一本书的工作量是巨大的。因此，我们是否应该相信，未来连锁反应会导致机器学习算法的指数量级的快速改进，这取决于我们认为智能更像是哪一种情况：吃巧克力蛋糕，抽水，还是出版电子书？

假设研究人工智能更像是抽水，那可以使机器学习的研究进展的速度恰好等于我们已经拥有的机器智能的数量。如果您基于简单的微分方程写出一个程式化的模型，那么它将表明，在这种情况下，我们可以期望出现"快速起飞"。如果研究投资的回报是线性的，那么智能的增长就是指数级的。甚至很难想象这种增长，在绘制时，它似乎一直保持恒定，直到最后一刻暴涨。在这种情况下，我们可能现在就要投入大量资源来思考人工智能的风险——即使现在看来我们距离超级智能技术还有很长的路要走，但它将一直保持这种状态，直到看起来为时已晚。

但是，假设研究人工智能更像是撰写一本书。换句话说，它是边际收益递减的。我们投入的研究越多，我们所获得的智能就越多，但是获得的速度却越来越慢。现在发生的事情还不太明显，因为随着智能技术的提升，我们产生新研究的速度也在增加，但这些新研究实际上也表现出智能增加的速度正在放缓。再次使用增长的数学模型，可以比较容易地说服我们自己，在这种条件下，智能发展速度不会接近指数量级。

那么，我们是否应该期望指数级增长？这与我们是否期望看到人工智能研究的收益递减的问题密切相关。至少，似乎智能爆炸的出现可能不会像 I.J. 古德认为的那样确定。

即使我们确实在一段时间内看到了指数增长，也应了解并非所有指数都是相同的。每天加倍的是指数级增长。但是，若每年以百分之一的速度增长，也同样是指数级增长。用普林斯顿大学计算机科学教授埃德·费尔滕（Ed Felten）的话来说，我们不应该简单地在有息储蓄账户中存入几美元，然后就开始计划退休，只是因为我们相信很快就会经历一次"财富爆炸"，能让我们突然变得难以想象的富有。在人类时间轴上，指数增长也可能仍然是很慢的。

但是，即使不确定是否存在智能爆炸，也仍然存在这种可能性——人工智能的应用会带来潜在的可怕后果。这一事实使管理人工智能风险的方法，成为算法研究的一个重要主题，值得研究者认真对待。毕竟，核心的担忧（优化看似合理的目标，却会产生难以防范的意外副作用）一直是本书讨论的主题，在本书描述的每一个算法错误行为示例中都有所体现。

6 若干结论性思考

6.1 一个原因，诸多问题

本书涉及的最后一个主题是机器学习和人工智能对人类安全、生命乃至生存的潜在最终风险。这个主题可能与我们之前几章写到的直接且具体的风险（隐私泄露、歧视、博弈和错误的发现）有很大不同。对于这些非常具体的主题，我们能够讨论现实中的示例。在这些示例中，实际的算法决策在某种程度上出错了，然后我们来探索特定的算法补救措施。在第 5 章中，我们则不得不推测当前科幻小说的内容。

但是，正如前文已指出的那样，这种威胁人类生存的风险只是在各章中探讨的同一基本问题的逻辑极端推演，即为了优化看似合理的目标，盲目的、数据驱动的算法可能会导致意想不到的不良后果。当我们使用机器学习算法仅针对预测准确性进行优化时，如果它产生的模型应用于不同的种族群体时，假阳性率有很大的不同，我们并不会感到惊讶；如果它产生的模型，编码数据用于训练的个人的身份，激励人们错误报告其数据，或者当数据分析师试图使其数据成为博弈游戏时，研究结果将看起来比实际更有意义，而且我们也不会感到惊讶。在所有这些情况下，我们都看到同一问题的不同方面。优化程序（尤其是那些在复杂域上进行优化的程序）通常会导致难以理解的结果，当根据它们的目标函数进行检查时，这些结果非常好，但通常无法满足设计中未通过明确编码来要求的约束。因此，如果存在一些我们希望算法满足的约束（因为它们编码了某种道德规范，或者更重要的是，缺少这样的约束会构成人类生存威胁），那我们需要仔细考虑它们是什么以及该如何处理，并将它们直接嵌入我们的算法设计中。

6.2 算 法 承 诺

当最初遭到算法决策失误的轰炸时,一种看起来似乎很有吸引力的解决方案是尝试完全避免使用算法,至少在涉及任何重要决策时避免使用算法。但是,尽管在相应的领域中部署新技术时需要谨慎又谨慎(目前,当然我们还没有能完全理解机器学习如何与公平性等其他问题相互作用),但避免使用算法并不是一个好的长期解决方案。这至少有以下两个原因:

首先,所有决策(包括由人类自己做出的决策)最终都是由算法决定的。不同之处在于,人类的决策是基于我们难以准确阐明的逻辑或行为。如果人类能够足够准确地描述出我们自己的决策过程,那么我们实际上可以将这个过程表示为计算机算法。因此,这里的选择并不是要不要避免使用算法,而是我们是否应该使用精确指定的算法。

在所有事情都能确保平等的情况下,我们应该更精确地对待自己所做的事情。例如,精确性允许我们对事实进行推理:如果你的工资每年再增加 10000 美元,你的贷款申请结果是否会有所不同? 或者,如果你是不同种族或不同性别的申请者,申请结果又会如何?人类善于为自己的决定提出能自圆其说的解释,但这些解释常常是事后的合理化,而不是真正的事前推理。事实上,以种族类别来决定是否放贷的贷款人,仍然可以在拒绝申请者时,给出合理的与种族无关的理由。如果我们可以确定决策过程,那么我们将能够明确了解它在不同情况下会做出怎样的决策。

首先,我们必须记住,并非所有事物都是平等的:很难精确地指定良好的决策程序并收集丰富的结构化数据,结果往往是计算机算法被设计为基于比人们可以使用的种类更简单,限制更多的信息来进行的决策。但这应被视为要克服的挑战和算法研究的一个方向,而不是一味地对算法本身进行批判。

其次,机器学习是一种强大的工具,具有许多显著的和潜在的好处。当然,诸如谷歌和脸书之类技术公司的大部分收入都依赖于采用机器学习技术的产品,但是随着这些技术的适用性不断提高,其应用范围和社会效益也随之扩大和提高。如果学习程序可以提高个性化药物的准确性和功效,则不仅可以提高定向广告的点击率,还可以挽救生命。如果它们不仅可以通过诸如收入、储蓄和信用卡历史记录之类的传统指标,还可以从更广泛的指标中预测信用度，那么有可能可以将信贷机会扩展到更广泛的人群中。这种潜在的现实例子是无穷的。尽管算法决策的风险实在是太真实了，但正如我们在本书中所展示的那样，避免这些风险并不需要完全放弃这些收益。

与之相关的反应是这样一个断言——解决算法错误的方法是越来越多的更好的法律、法规和人为监督。法律法规当然起着至关重要的作用，正如我们在整个过程中一直强调的那样，我们希望算法能够成为我们做事的规范，应牢牢掌握在人类和社会领域中。但是纯粹的法律和监管存在一个主要问题——它们无法扩展。任何最终完全或主要依靠人类关注和监督的系统，都可能无法跟上算法决策的数量和速度。结果是仅依靠人类监督的方法，要么很大程度上放弃了算法决策，要么必然会因问题的规模增长而无法与之匹配，因此是不充分的。因此，尽管法律和法规很重要，但我们在本书中主张，由算法决策引入的问题的解决方案还应反求于算法本身。

这并不是说我们可以拥有全部。本书提出的重要提醒是，额外的约束（如纠正道德失误所施加的约束）不是免费的。我们将始终需要权衡取舍。一旦我们可以精确地定义"隐私"或"公平"的含义，实现这些目标就必然需要放弃我们认为有价值的其他一些东西，如原有的预测准确性。算法研究的目标不仅是识别这些约束并将其嵌入到我们的算法中，而且是要量化这些折衷的程度，并设计尽可能温和的算法。

但是，决定如何更好地管理这些折衷方案不是算法问题，而是由利益相关者根据具体情况来做最优决定的社会问题。公平性的提高（如各人口群体的误报率大致相等）是否值得大幅降低准确性？如何提高差分隐私水平？这些问题都没有通用答案。答案取决于具体的情景。在做出生死攸关的医疗决定时，我们可能会认为准确性至关重要。但是，当在公立中学分配录取名额时，我们可能会觉得公平性应该优先。当使用有关我们社交互动的敏感数据来更好地定位广告时，我们可能会觉得隐私性远比预测准确性重要。最终，必须由在第一线的人们来决定我们要在权衡曲线上的选择哪一个点。然而，定义帕累托边界本身（最佳权衡空间）又是一个科学问题。

6.3　在刚刚开始的时候

一个对旨在设计伦理算法的技术工作的普遍批评是，这类似于在泰坦尼克号上重新布置躺椅。虽然数学家们在讨论机器学习算法的错误统计信息的影响如何,但真正的不公正首先是通过使用这些算法造成的。例如,如果一个人的家人和邻居都处于贫困线以下,那么从统计学上来说,这确实使他偿还贷款的可能性变小。在某种程度上,出于此类考虑,可能我们都会认为,基于实际观察到的贷款结果训练而来的算法是公平的,在拒绝贷款方面应该被认为是正确的。但这在宏大的计划中并不公平,因为,正如歧视法律方面的专家黛博拉·赫尔曼(Deborah Hellman)所说的,它加剧了不公正现象。从微观的角度看似公平的事情,在考虑整个社会背景时,可能会被认为是不公平的,像这样设计出的贷款算法是更大系统的一部分,而该系统将进一步惩罚处于贫困状况的人们,从而导致恶性的反馈循环。

更一般而言,通过近距离地关注单个静态语境中算法的定量属性,我们忽略了对于理解公平至关重要的问题——决策的下游和上游影响。毕竟,当我们不仅使用算法做出预测而且要做出决策时,它们还在改变它们所处的世界,我们需要考虑这种动态影响,以便明智地谈论诸如公平之类的问题。

尽管这种观点很有道理,但一般而言,这不应该是对算法伦理的指责。相反,它强调了这些问题的复杂性和算法研究的萌芽状态。当前关于算法公平性和隐私性的数学文献的许多方面表面上看起来很幼稚,因为它们提出的抽象的简单性且范围也有限。但是,我们提出的严格方法(准确地指定一个人的目标,然后设计实现这些目标的算法)中固有的是,我们必须尽可能简单地开始。准确地制定目标是一项艰苦的工作。当前的问题越复杂,就越容易将其隐藏在模糊的迷雾中。但是这样做并不能解决我们要解决的道德问题,只会使它们模糊。当然,解决方案不是用过于简化的模型的严密性和精确性来代替细微但模糊的人为决策。但是,通过开始在简单的甚至是过于简单的场景中使我们的目标正式化,就可以逐步解决我们要解决的真实而复杂的问题。

结果是,至少在一段时间内,算法方法的批评者可能常常是正确的。在许多相应的领域中,算法工具仍然过于幼稚和原始,以至于不能完全依靠决策制定。这是因为要想对森林建模,就需要从树木开始。本书提供了一些激动人心的快照,旨在开发算法伦理,其中许多方法尚处于初期发展阶段。我们提倡的是科学方法论,它由精确的定义驱动,而不是任何特定的现有技术。

最好的是,这种方法可以产生有价值的成果。差分隐私就是一个很好的例子。在过去的15年中,差分隐私已从理论计算机科学家的纯粹学术好奇心转变为成熟的技术,该技术保护了2020年美国人口普查的统计数据,并已在iPhone和谷歌Chrome浏览器上大规模部署。差分隐私在其对应保护内容的精确定义方面与以前的版本有所不同,这极大地促进了其发展。当然,差分隐私并不会向我们保证,当我们使用"隐私"一词时,我们可能会想到的一切；事实上，也没有一个单一的定义可以做到。然而，其定义的精确性有助于我们准确地描述其承诺，什么是我们想要的，什么不是我们想要的。隐私问题远未得到解决，但至少在这种情况下，我们可以严谨地谈论当前技术可以解决和无法解决的问题。

　　如果我们能够为本书中研究的其他伦理问题实现和隐私一样的目标，那么我们将处于有利地位。它不能也不应该匆忙上路，尽管新闻报道可能令人迷惑，实际研究进展仍在不断发展，并且未来还需要花费数年时间。总之，算法伦理具有广阔的前景。我们才刚刚开始这个迷人而重要的旅程。